你若不勇敢 谁替你坚强

王淑清 ◎ 著

煤炭工业出版社
·北　京·

图书在版编目（CIP）数据

你若不勇敢，谁替你坚强／王淑清著． －－北京：煤炭工业出版社，2018

ISBN 978－7－5020－6669－7

Ⅰ.①你… Ⅱ.①王… Ⅲ.①挫折（心理学）—通俗读物 Ⅳ.①B848.4-49

中国版本图书馆CIP数据核字（2018）第279599号

你若不勇敢　谁替你坚强

著　　者	王淑清
责任编辑	高红勤
封面设计	陈广领
出版发行	煤炭工业出版社（北京市朝阳区芍药居35号　100029）
电　　话	010－84657898（总编室）　010－84657880（读者服务部）
网　　址	www.cciph.com.cn
印　　刷	北京铭传印刷有限公司
经　　销	全国新华书店
开　　本	880mm×1230mm^1/$_{32}$　印张　6　字数　180千字
版　　次	2019年1月第1版　2019年1月第1次印刷
社内编号	20181539　　　　定价　29.80元

版权所有　违者必究

本书如有缺页、倒页、脱页等质量问题，本社负责调换，电话:010－84657880

前 言

　　这本书的大部分文字是在飞机上、火车上、深夜酒店的房间里完成的。今年雨水多，飞机总是延误，但我却因此得到了些空闲，这种延误也成为我写作最多的时间。

　　我不想说我是一个多努力的人，只是因为工作忙，恰巧赶上了，而且答应朋友的事情又必须做到，于是机场、火车上就有了一个经常努力敲字的女性身影。

　　频繁的出差，带给了我很多的深夜时间。从一开始的不习惯，到慢慢地喜欢上这种感觉，虽然这对健康无益，但我却有了很多和自己独处的时间。每当深夜来临，看着寂静的车厢，我开始回忆起过往。

　　苦、辣、酸、甜萦绕在心头，那些美好的事情我都放在脑海深处，浮在上面的是不堪和苦难。经历了太多，我却没有学会忘却，这真是一种失败。

　　我想起一开始朋友让我写这本书的时候，我是犹豫的，因为我发表的作品很少，这些年虽然零零散散写了不少文字，但大部分都静静地躺在我的电脑里，只有极少数面世。朋友说的这十多万字的书，让我感受到了很大的压力。

　　另一个我不想明说的原因是，我并不情愿将我心中的过往和故事分享出来。但是我并没有拒绝，原因是我对文字有着不同寻常的喜欢，愿意去尝试一下。

　　夏至未至时节，也是非常炎热的，我一个人走在塞满人群的街道上，整个人并不自在，这么多年的孤独思考已经成了我的一种习惯。我本来想找个人少的地方独自待一会儿，却突然想到了答应朋友的事情，于是抓紧时间回家。可是回到家也枉然，因为没有丝毫头绪。

　　我深吸了几口气，想找出原因，最终得出大概内心还是拒绝将心里的故事毫无遮拦地说出来的缘故。

　　纠结到深夜2点，我最后还是坐在了电脑屏幕前。我硬着头皮敲下每一个字。随着一个个字符落在键盘上，我的心也随之踏实起来，我突然发现这是一件很有意思的事情，这像是在与自己对话，一种陌生而熟悉的感觉油然而生。我的记忆之门彻底打开，文字像是关不住的洪水，奔涌而出。不知不觉写到了凌晨5点，这种感觉真的很不错。

　　回到书的主题——勇敢和坚强。我不得不说这个主题很老套，但老套并不意味着无益，我像一只不知疲倦的土拨鼠，不断地挖掘着过往，希望能找到点儿有用的东西。

　　我和很多同龄人一样，有过或多或少的磨难，但岁月并没有完全磨掉我的热情，在这里我还是愿意说点儿什么的。

　　坦白来说，我并不是个喜欢"鸡汤"的人，那种编几个故事，说一些蕴含哲理的文字，并不能给我带来多大的触动。而且我自己也不喜欢用好为人师的态度去说服他人，人生何其复杂，需要每个人认真地去体会。

　　所以，我在跟编辑沟通之后，决定还是写一写自己亲身经历的事情。也许不够传奇，但足够真实，而且我也不奢望能给人带来多大的帮助，我只希望在每个人阅读这些文字的时候，感觉到我是认真的，能够看得下去，而不把我的作品当成类似"神剧"那样不着边际的东西，那就是我的成功。

当我还是个小女孩的时候，家里并没有像教育男孩子那样强调我要勇敢，故而那时的我对"坚强"这个字眼并没有更深层次的理解，而对其所有的理解都是从我步出校门那一刻开始的。

社会是现实的，并不会因为你是女孩而有所宽容。

世界是残酷的，我也得早出晚归去拼命生活。

年龄越大，发现自己需要照顾的人越多。感觉还没适应自己已经长大的事实，就已经老去了。我也将承担起照顾3个家庭的责任，即使世界给了我软弱的权利，但却没有给我允许软弱的现实。

挣扎、迷茫、睁着眼睛等天亮，从真正踏入社会，卷入各种勾心斗角的职场生涯开始，我就已经不把自己定位为曾经那般单纯的姑娘了。

然而根深蒂固的东西是很难改变的，这让我吃了不少的亏，同时也得到了很多的满足。

我是个感性的人，见不得别人受苦，更见不得自己遭罪，但那又如何，生活还得继续，没人能逃避得了生活。

闹钟的铃声响起，我又得去挤已经拥挤不堪的公交车，又得踏上去往别处的列车，飞往别处的飞机，没人给我感慨命运的时间，所有的工作都像催命符，不能有片刻的停留。

在书里面，我并没有去教别人做什么，只是写出自己的故事，等着别人去阅读。可能每个人的看法不同，但不要紧，这只是一个个平凡的小故事，读一读就当散散心好了。

文中在几个故事里都提到了善良，善良对我来说是极为重要的，因为无论世界怎样，我们都不应该丢掉善良。为什么这样说呢？因为当我们老的时候，会情不自禁地回忆起我们的过往，从出生到老去，有始有终的善良将会使我们没有遗憾。

耗费了 3 个多月的时间，终于将这本稿子完成，同时也抛开了很多杂念，浑身感到无比轻松。在临完结的最后一个夜晚，我稍稍有些不舍，我估计以后我会习惯在深夜 2 点，写点自己的过往。

再次感谢朋友们付出的心血，让我的故事可以面世，希望我们都能在将来的道路上多一份坚强与勇敢，不再迷茫，不再委屈，不再无助。

谨以此书献给故事中的每一个人物，愿你们的未来更加美好。

作者

2018 年 11 月

目 录

第一辑　你若不勇敢，谁替你坚强

没伞的孩子，要学会努力奔跑　　　　　003
光环不是别人给的，都是自己辛苦挣来的　008
你若盛开，蝴蝶自来　　　　　　　　　013
老是受伤害，那是你还不强大　　　　　017
我一个女孩子，用得着这么拼命吗？　　023
不管多难，只要面对就有希望　　　　　027

第二辑　人生有的是挫折，习惯了就好

面对意外与挫折，要学会正确选择　　　037
做一个灵魂闪光的自己　　　　　　　　042
你待世界以温柔，世界将还你以真情　　047
生活虽苦，但是可以过得很甜　　　　　051
如果过得不好，八成是自己的原因　　　056

世界会加倍补偿受苦的你　　　　　　061
最糟的是一边抱怨一边懒惰　　　　　　066

第三辑　没有绝境，只有屈从

谁的生活没点挫折　　　　　　　　　　073
生命没到尽头，就不要喊苦　　　　　　077
在苦难的日子里不苦笑　　　　　　　　082
有多投入，就有多幸运　　　　　　　　086
不幸之后，将是人生的全新天地　　　　090
在走投无路的时候，闭眼沉思　　　　　094

第四辑　又没人同情，你软弱给谁看

不管牌面多烂，打好最关键　　　　　　101
熬过狂风巨浪后，风雨也很温柔　　　　106
高低起伏，这才是人生本来的样子　　　111
从小不勇敢，长大后会软弱到家　　　　116
无论结果如何，努力就行　　　　　　　121

第五辑　与这个世界相处，你必须勇敢

走出黑暗，做真实的自己　　　　　　127

你既不珍惜，我又何必停留　　　　　　132

事后后悔，不如提前预防　　　　　　　137

放下委屈，学会笑看人生　　　　　　　142

不能改变世界，却可以守住自我　　　　147

把事看小，他们不值得你垂头丧气　　　152

第六辑　矫情不能当饭吃，未来还得受着

即使烦恼，也要准时关灯睡觉　　　　　159

前路即便坦途，也要保持谨慎　　　　　163

你和更好的未来之间，只差一个主动的距离　167

至少你要做自己的英雄　　　　　　　　171

别总计划了，走两步比什么都强　　　　175

在不幸中让自己幸运起来　　　　　　　179

第一辑　你若不勇敢，谁替你坚强

　　勇敢，不是说说那么简单，遭遇苦难而心态不乱，是一种洗礼过后的宁静。不是麻木，不是忽视，而是心底的那份泰然。

　　我有很多朋友，都会在我处于逆境时对我关怀备至，无论多晚，无论多远，这让我感到幸福，同时也培养了我的懦弱。当我再次面对困难时，除了焦虑之外，更多了一份孤单与无助。在以后的日子里，我还是决定独自面对，虽也会有迷茫，但恐慌却一次比一次来得少。

没伞的孩子，要学会努力奔跑

当前社会，吹牛成为了一种"时尚"，然而当牛皮被拆穿之后，围观者嘻嘻哈哈，当事人则尴尬无比。

我无聊的时候总是在想，我们总爱说的梦想是不是也是一种吹牛，只不过梦想相对靠谱点罢了。我有时候也跟身边的朋友讨论这个话题。

"无论是梦想还是吹牛，都表明了想要成为什么样的人或者过什么样的生活，无可厚非，只不过吹牛显得浅薄一点罢了。"

这个说法是我听过的最人性化的理解，所以一直记忆深刻。

我有个同事叫吴臣，他这人就特别爱吹牛，有时候吹得过头了，就会让人觉得这人怎么这么不靠谱呢。于是就有人在背后悄悄和我说他的坏话，而我常常是一笑置之，心想吴臣这人毛病虽然很多，但是我却很喜欢。

"是××吗？我是××部门的××，把你们那××的电话给我，我这边有个任务需要你们这边配合！……什么，你不知道？你诓我呢，我说你这个同志怎么这么不懂事，快把那谁的电话给我，我真有事找他……"就这样，诸如此类，吴臣诓了许多潜在客户的电话，然后再对他们推销产品。不过话说回来，我们的产品对别人来说也是不错的，就是打通这第一关口比较麻烦而已。

　　最初进公司时，我和吴臣分在一个小办公室里面，每次听他打电话都目瞪口呆，然后就是深深的佩服，觉得销售做到这分上，就一个字，牛，不，两个字，真牛！

　　说真的，虽然吴臣牛气哄哄的，但是他这一套我从内心深处是不大认同的。可能这和我个人的性格有关系吧，或者是以前的工作经历里没有这么做过，所以尽管我很佩服他，但是却并不赞同这种做法。

　　其实吴臣对客户还是非常好的，业务知识水平也很高，因此最终也不算亏待了客户。更何况在如今的公司里面，能给公司带来利益的人才是赢家。

　　话说回来，为什么想写吴臣呢，因为吴臣这人挺励志的。主要是他能做到很多我做不到的事情，所以在内心中我是很佩服他的。

　　在一次聊天中，吴臣告诉我他只有小学学历，电脑软件什么的一窍不通，不过到这家公司上班后他学会了打字，但是稍微复杂点的调整格式什么的就不会了。

　　他最初来北京找工作的时候，找的都只是保安、工地搬运工之类的工作。农民工里面还分技术工和小工，吴臣只能算是小工，因为他除了有把子力气外，其他一无所长。虽然在北京生活的日子很苦，但是也比在家乡面朝黄土背朝天的日子要强很多，所以吴臣很珍惜眼前的每一个机会，做任何事情都格外认真。

　　一次偶然的机会，有人把吴臣带入了销售行业。那个时候的销售是没有底薪的，全靠自己的本事去拿提成，因此很多人并不愿意做这样的工作。但吴臣却不这么想，他当时觉得只要能进办公楼里面去上班，那就是阶梯级别的提升，所以一百二十分地珍惜这份销售工作。

在最初的两个月里，吴臣一单任务都没有完成。那个时候吴臣最恐慌的是：如果这份工作丢了，自己可能就永远与这高楼大厦无缘了。对于别人来说，一份工作可能没那么重要，但对于吴臣来说，这也许是唯一一个能够摆脱农民工、摆脱保安等工种的机会。

所以，在试用期最后1个月，吴臣每天都加班到深夜，办公室经常只剩下他一个人。他一天要打500个以上的电话，晚上则查阅各种公司资料以及客户的资料。就在老板认为他不适合这份工作，想开除他的时候，吴臣成功地做成了第一单销售，提了500元提成。吴臣兴奋得一整夜都没睡觉，他觉得人生从此开启了新的大门。

后来，吴臣一直都付出比别人更多的努力。他发现电话销售不仅是打电话，里面还有很多的门道和智慧，因此吴臣开始学习各种小技巧以及各种沟通方式，还有行业的各种知识。那一年年末，吴臣成为了他们公司的销售冠军，公司额外奖励了他5万元。2000年的时候，5万元还是很多的。吴臣觉得自己一下子变成了有钱人。

吴臣吐了口烟圈，说："你都不知道那年年底我签最大单子时候的心情，当客户把合同给我的时候，我签字的手都是发抖的，连自己的名字都写歪了，哈哈哈！"吴臣夸张地笑着，眼睛眯成了一条缝儿，张开的嘴里露出了一口被烟熏得有些发黄的牙齿。

其实，直到现在为止，吴臣的办公软件操作都是极差的。但是这一切都不是他销售业绩的阻碍，这一切除了吴臣的小聪明外，更有着他背后付出的辛苦努力。

如今，吴臣在老家市里最好的地段全款购买了房子。去年年底又全款买了车。他告诉我，这些他在以前想都不敢想，他觉得这一切与他的生活本应没有交集。但是他做到了，所以他异常珍惜每一次的机会。

尽管吴臣现在的资历和能力都足以支撑起他在公司的地位，但只要是老板交代的事情，不管这件事听起来有多么不靠谱，或者多么难以实现，吴臣总是第一个响应。有人可能觉得他是在拍老板马屁，但是我却觉得他是在珍惜每一次的机会。

对大多数人来说，在一家公司干得不顺利或者不开心，换一家公司就好了。好公司多得是，自己有能力有本事，到哪里都不会缺口饭吃，因此不需要卑躬屈膝。

但是吴臣的事情却教会我一个道理，那就是很多时候不要对困难退缩。若说起点，我想吴臣的起点够低了吧。在北京这个遍地都是研究生的地方，他一个小学毕业的人能够拥有自己的位置，还能够成为业内销售极佳的人，其中的付出不是那些端着高学历，每天捧着一杯星巴克的人所能体会的。

我想了想自己这些年就这么不上不下地消耗着，很大的可能就是因为没有吴臣那种工作精神，有时候机会明明就在身边都不甚在意，而且还会挑肥拣瘦。但是在没有机会的人面前，偶尔的那一线机会，他们会拼尽全力去搏，这样的人因为用尽自己的全力去做一件事，所以最容易成功。我想起人们常说的一句话，凡事最怕用心。或许我们就是缺乏了这"用心"二字，所以才会总觉得事事不如意、事事不如人。扪心自问，我们真的用心了吗，别人我不知道，但是我自己或许并没有对每件事、每个机会都拼尽全力地去用心。

生来含着金钥匙的人毕竟不是多数，能考入名牌大学的学霸也毕竟只是少数，而我们这些人唯一的机会或许就是如吴臣一般。如果每件事都拼尽全力，那么就算不成功，至少也不会是眼下的惨淡局面。

说过之后，努力做就是了，谁还没个梦想？对没伞的孩子来说，就要学会努力奔跑。

光环不是别人给的,都是自己辛苦挣来的

写这篇文字的时候,我不知道要不要把这个故事写进来。思虑良久之后,最终我还是决定写进来。

我不是神仙,自然也会有不良的情绪。曾经看到别人的张扬,我心中总会有一种不舒服的感觉。而正是这种张扬,有时候会让我的情绪跌落谷底,而且无从发泄。只有在"跌倒"的时候,心中大喊一声"你也有今天",或许才是最好的安慰吧。我顺便说一句,不要轻易去评判一个人,因为那对他不公平。

和子衿的第一次见面并不愉快,因为意见不合,最后不欢而散。之后我们即便没成为仇人,也基本上没有任何交集。在后来的接触中,我也总是尽量地避免与她过多接触。尽管有时候她会表现出些许热情,但我依旧会远远地避开。因为我觉得我们不是一个世界的人,大家离得远一些,可能会更好!所以,总体算下来我们的关系并不好。这种不好一直延续到我离开那个圈子,从此与她真正成为陌路人。

现在想想我与她关系不好的真正原因,大概是因为第一次见到她的时候她实在太过张扬,张扬到她的光环可以笼罩住所有人!红色的跑车,灵动中带着迷离的大眼,高鼻梁,性感丰满的嘴唇,长腿细腰,无论怎么看,都满足了男人对女人的一切幻

想。但是稍微接触这个人就会知道，她这个人傲慢到无可理喻，至少我是没办法与她和平相处的。因此，我更加不愿意与她多有接触，所以尽管经常碰到，但我们并不说话，因此也就不太了解她！

一直以来我们只能算是认识而已。我不关注她，但不代表别人不关注，可能因为关注她的人实在太多了，所以关于她的消息，会时不时地传进我的耳朵里。

比如她嫁了一个超级富有的老公，但是这个老公却极其神秘，尽管是超级富豪，可我们却都不知道是谁，也没人见过；比如他们有个聪明早慧的女儿，超过同龄人的聪慧；还有她住在北京城最贵的地段的豪宅里，日常生活都由保姆打理，等等。不管如何看，她都是妥妥的人生赢家。

对她的这种印象一直持续到我离开那个圈子为止。按理来说，我的人生从此以后与她的人生不会再有重叠，更不会再有交集。

可是大约在3年前吧，有人跟我说起了子衿，说她与富豪老公离婚了，也从那所谓的豪宅里搬出来了。赡养费肯定是给了的，但是多少却无从得知。从此以后，她需要独自带着女儿生活了。

据说豪宅的产权证上并没有她的名字，而她也并非富豪的正室。富豪与正室的妻子有个儿子，已经年近30岁，而且也已经结婚，至于富豪的财产，貌似与她们母女也并无太大关系。

还有传言说这个富豪除了她之外，还有很多个小四小五小六。只是她与富豪之间可能因为孩子的关系，感情要更好一些，毕竟他们有个共同的女儿。况且她女儿还那么聪明可爱，孩子的爸爸肯定也很喜欢，所以他们之间的感情也延续得更长一些。

在刚得知这些消息的时候，我除了震惊之外，还有一点点的畅快！对，就是畅快！这可能是来自于人内心里的那种阴暗面。想想原来她也并非事事顺心，生活完美，因为曾经的她表现得太过倨傲无理了。

当知道她所有的光环后面也笼罩着不幸与伤害时，我并没有太多的同情，因为世间事一饮一啄均是天定，得了这样，也必然要失掉另外一样，完美的事情都只存在于童话中。本以为子衿的生活已经完美如童话，如今看到这残缺的一面，或许才觉得这是真实的吧。

本以为这个一直以来养尊处优的女子在拿到赡养费后，会小心翼翼地带着女儿度过余生。但是子衿并没有这样做，听说她开了餐馆，但是经营半年后又转让了。我们之间虽然没有交集，但她的微信我还是有的。有一段时间在朋友圈里看到她参加各种商业会议、讲座等，俨然是要大干一场的架势。

我不知道这个社会会怎样对待一个长期养尊处优的女人，但是我却能感觉到她在努力地学习着各种商业知识、各种新的商业模式，以及眼下有可能赚钱的商机。

对了，在这里插一句话，我偶尔发朋友圈时，子衿还会时不时地为我点赞。或许当她跌下神坛后，她发现了自己曾经行为的不恰当之处，也或许是别的什么原因吧，总之我能感受到子衿对我的善意。

可能是由于过往的一切，也可能是我天生就比较小心眼，因此，尽管我感受到了子衿的善意，但却并没有刻意去接纳，或许我们始终是陌路人比较好吧。

让我真心愿意写她的故事要从最近开始，近2年来，她好像做了微商，并作为讲师到处讲课，从她朋友圈的照片中可以看出，她做的微商显然比我朋友圈里其他的微商要高大上许多。刚开始我也只是觉得她又去折腾什么了，因此并不在意，但事实上，这一次她好像真的成功了，后来从认识她的人口中也得到证实，她的确事业成功了，而且做得风生水起。

其实直到这一刻我才放下曾经对她的偏见，这个女人的光环绝对不是别人给的，而是由她自己挣来的。

朋友圈的照片中只看到了她到处演讲的成功画面，而这背后付出多少汗水并无人知晓。但是我却知晓每一个清晨，在所有人都还没有起床时，她拉着行李箱奔赴机场的样子；也知道夜半三更赶回北京的狼狈样子，更知道无数个飞机晚点时在机场寂寥焦虑的等待。

我就是因为不能忍受长期出差，才从上家单位离开的，因此太清楚这里面的辛苦。这次让我没有想到的是，这个养尊处优、娇滴滴的女人一路走了过来，并又一次把真正属于自己的光环戴在了头上。

子衿在朋友圈并不经常发她女儿的信息，但是为数不多的几次，我看了心里却五味杂陈。有几次可能是孩子实在无人照料，所以她便带着孩子一起赶飞机。倘若是别人我都觉得正常，但是她们以前过的是养尊处优的日子，而如今却带着孩子一起工作，孩子也要跟着她早起晚睡地忙碌。想想多少单身母亲不是一脸的哀怨，但是子衿这时候表现出来的却不仅仅是她的坚强，还有她内心的强大。

最近我看到她发的一则朋友圈，掉了眼泪，打了一大串关心她的话语,最后却删除没有发出去。这个坚强倨傲的女子,终于在繁重的工作中病倒了,并且在病中依然坚持工作,贴心的女儿为她煮了一碗面,她感动得哭了。我想这或许并不是感动,而是有更多堆积的别的情绪,或许委屈更多一些。

　　子衿的过去与现在或许只是一个人的人生历程,但是她却教会了我一个道理:光环是属于努力的人的。一次两次的挫败都不算什么,能穿过泥泞,经历失败,走到最后的人才配拥有光环。

　　善待别人的张扬,或许那是他付出太多太多才换来的东西。

你若盛开，蝴蝶自来

每个人都希望自己是幸运的，但我想幸运可能是恒定的，你有，他就没有。或者是一种信仰，相信才会拥有。

我以前总爱唉声叹气，我的朋友总说我，即使你现在真的穷困潦倒，也不要总是这么唉声叹气的，这样会赶走你的运气。你要学会挺胸抬头，运气自然会来找你。

我大笑他的迷信，但冥冥中又感觉他讲的有点道理。不管运气是否到来，至少要让自己看上去很漂亮，这是我的理解，这种能带来好运的习惯我也坚持了下来。

去年夏天，我独游五台山，机缘巧合下住在了离水源地最近的一座寺院内。在这个高地上，有水有电，有一个床铺是那么让人满足，令我在山下产生的种种烦恼都一扫而空！红尘俗世中的人自然有各种烦恼，每每便是蜂拥而至。

我刚到的第1天，觉得这里风景独好，难得可以安静地坐下来，喝茶看书。远处仙雾缥缈，山峰起伏；近处亦有松林，山坡上是随处的青草与这儿独有的野花，一切都显得那么静谧美好。可能是在特定的环境中吧，这里的人也是那么友好善良，让我觉得很舒服。想着反正也没什么事，不如在这里多住些日子。

住在这里的人，除了寺院里为数不多的出家人之外，大多是如我一样的驴友。很多人只是过来借宿一宿，或者吃顿饭，然后便匆匆背起背包继续行走。而我难得找到这份安宁，又觉得与这里颇为投缘，因此便住了下来。晚上自然哪里都不去，便和这里住着的住客们喝喝茶、聊聊天，听他们谈论深奥的道理，倒也觉得有趣。

这里似乎能够让人忘记红尘中的一切烦恼与伤害。当然，这里什么样的人都有，有退休的老人，有中年男人，有中年女人和小孩儿。有几个小孩儿每天跑来跑去，很是活泼，我也很喜欢他们。

"你让我儿子以后怎么做人，你是存心使坏！你怎么这么恶毒，我儿子还这么小……"尖利的、歇斯底里的叫声加上后面不堪入耳的辱骂声，在这祥和的圣地、醉人的风景下显得那么刺耳与不协调。声音里面的内容尽管是这个孩子受到了伤害，但是这个声音竟让我听出了惊悚之感。

我并没有随看热闹的人去看热闹，因为只是听到这歇斯底里的声音就颇为发颤，其中夹杂着对他人的打骂之声，更是让人不由得想远远躲开声音的主人。

即便如此，我还是知道了这歇斯底里的原因。据说这个女人的儿子是个7岁的小男孩，她家孩子在往八功德水的池子里撒尿时，被另外一个十几岁的小孩拍了照片，并传上了朋友圈。

我惊讶于孩子行为的同时，更加惊讶于家长的反应。没有到达过这个地方的人可能不会了解八功德水对这里的意义，可以这么说，八功德水是整个五台山上唯一的水源，更有许多历史以及宗教传说的意义。据传说是先有八功德水，后有五台山。寺院的师父说佛经上有记载，曰："震旦国五分山下3公里处有八功德水,乃菩萨八种功德所化。"

其实不管是从眼下的生存环境,还是历史,或是宗教传说来讲,这儿的水都是极为珍贵、极为神圣的,而在饮水的池子里撒尿的确是件大事。

在我的认知中,通常家长对待做错事的孩子的态度也代表了家长的修养与道德观。不管是孩子顽皮也好,有意也罢,孩子既然犯了错误,家长的第一反应应该是尽可能地补救这个错误,而不是第一时间歇斯底里地去指责他人,从而逃避一个如此大的过失。

这位母亲的行为让我震惊的同时,寺院方也及时地做出了行动:放干净池水后又重新洗刷,然后再蓄满水。这毕竟是供人直接饮用的水,还是山上唯一的水源,所有路过的游客都会来这儿打水喝。

吃晚饭时,和我同屋的大姐拉了我一下,指了一下一个牵着孩子手的女人,并悄悄告诉我就是这个女人歇斯底里地在骂人。

我用眼角余光仔细地观察着这个女人,发现她眉头紧锁,一脸憔悴,身上有种让我不敢接近的冰冷暴虐的气息,更是有种怨气。

后来同屋的大姐告诉我,这个女人是首都来的,其实很可怜,据说离婚了,独自带着儿子,也没有固定工作,只是靠打零工来养活儿子,生活十分艰难。她有个亲戚在这座寺院出家,于是趁着孩子放假就带着他来住些日子,平时帮寺院干点活,也不用付房钱,还有吃有喝,对她来说挺好的。

我不了解这位姐姐遭遇过什么,而且至今都不知道她和她儿子的名字,但留给我最深的印象就是那歇斯底里、冰冷暴虐和一身的怨气,让人硬生生地想躲得远远的。

想起她,也让我想起了另外一位妈妈,就是在飞机上给邻座的人发小礼物,并且夹着一封信,让边上人原谅孩子在飞机上可能会吵闹的事情。这位宁波的妈妈无疑让人更喜欢,也更喜欢她的孩子。

我无意拿两者来比较什么,只是为这位单身的妈妈感到深深的遗憾,我不知道别人,倘若我是个男人,恐怕也会很恐惧每天面对这样一位恐怖的妻子。

其实生活中遭遇过挫折磨难的人有很多,只是有些人更坚强一些,有些人更脆弱一些罢了。不管遇到怎样不堪的往事,这都不是让自己肆无忌惮的理由。如果总是用自己的不幸去绑架所有人的宽容,那么这种宽容终是会耗尽的。

曾经听过的一句话说得很有道理:"苦和恶是分不开的。"这里说的苦是心里的苦,我们大多数人是无法面对内心的痛苦的。看到这位单身妈妈的事情,我隐约理解了这句话的一些含义,也更加明白了这个世界只有善良才能换来内心的平和,心中如果充满了戾气,首先伤害的是自己和身边的人,直到没有人敢靠近你。而心中藏着善良的人,也始终能感召别人更多的善意,就如赠人玫瑰,手有余香。

也许,有了好的心态,好运自然会来,正如你若盛开,蝴蝶自来。

老是受伤害，那是你还不强大

　　一个闺蜜找我哭诉，哭了整整一个下午，她把她的世界描绘得那么不堪，让我这个从不缺少理性的人都有些惊讶。

　　"男朋友不是人，不知道珍惜；同事不知好歹，以怨报德；领导不明就里，毫无道理地找茬儿；父母不理解我的压力，总出馊主意。"

　　"你的世界里好像就你一个好人了呗，如果别人都是错的，那么只能说明你也有错。"我笑着说道。

　　我无意去了解她的是非，因为我感觉这太不可能了，怎么会所有人都在同一时间伤害你。我想到了一句话，如果你总是受到伤害，那证明你不够强大。

　　有段时间我过得很艰难，总要花费巨大的精力和时间去做工作以外的事情，所以没办法正常工作，于是就在住所的边上找了个售货员的工作，一家专门卖旗袍的。这里的旗袍不仅做工精湛，图案唯美，还有许多真丝制品，因此价格较为昂贵。

　　我当时 1 个月的工资也只够买一件旗袍，但是为生活所迫，加上在这儿上班是倒班，我可以有许多时间做别的事情，更重要的是这里的衣服仿若艺术品，有着说不出来的舒适。

　　兰姐就是我在这里认识的，因为倒班的关系，每隔两天，我和她会在同一个班次工作。兰姐40岁出头，个子不高，身材有着中年妇女特有的丰满肥胖，但是脸长得还是比较耐看的，只是平时不怎么打扮自己，所以看上去就是个特别普通的售货大姐。开始时我觉得她这个人嘴巴太毒，不好相处，因此一般不太敢和她说话。

后来熟悉了，我发现兰姐是个挺好的人，就是脾气火暴，嘴巴又毒，很多时候会忘记职业素养，忘记立场，仅我见过的就和挑剔的顾客干过好几仗。她和顾客吵架总是占据上风，算下来她真的是我见过最会吵架的人，不管怎么吵都能最终获胜。但也因此经常惹得商场管理员来找我们谈话，更有甚者会罚款。好在兰姐这人和很多人关系都不错，不是情节特别严重的话，也不会上升到罚款的地步。但是每次和她搭班工作时，我总是感到心惊肉跳。"你也别怪老兰，她最近心情不好。这女人孽缘深，你得多多包涵她。"别人大概怕我这个新人被惊吓过度不干了，于是给我解释了一下。我弱弱地点头应下，想着自己的生活也陷入了非常时刻，怎么也要坚持下来啊。

后来熟悉了，发现兰姐这人就是个直性子，她也和我说了不少关于她的事情。兰姐离婚了，现在有个男朋友，快结婚了，已经谈了5年了。男友比他小5岁，也就是兰姐40岁，男方35岁。男方的父母一直都不同意，甚至阻挠他们在一起。但是他们的感情很好，父母拆不散。他们准备偷偷结婚，将生米煮成熟饭，到时候男方父母也没办法。当然，这些都是兰姐告诉我的。我在心里不由得深深地佩服起兰姐来，这才叫厉害啊！

"你见过我男朋友吗？大高个！"兰姐眼睛发亮，而我则是一脸发懵。

"一会儿他会路过我们店,我指给你看!"兰姐今天的心情是飞扬的。

"快看,快看,我男朋友过来了!"兰姐激动地在我胳膊上戳了戳。这简直不像40岁的人,倒像是个16岁情窦初开的小姑娘。兰姐幸福加羞涩地在门口和她男朋友说了几句话,然后她男朋友酷酷地嗯了两声就走开了。

我的三观掉了一地,一直以来对于兰姐痴迷如醉的男人,我想象的就算不是玉树临风,最起码也端正有型,但恕我眼拙,我真没看出来这男人有什么突出的地方。

唯一突出的就是个子高,大概有1米85的样子吧,个子高了看上去就瘦了些。脸上长了很多已经发亮的青春痘,也许所有的表情和脸型都被青春痘遮住了,我实在看不出真实长相如何,但是却能看清楚一双浑浊中带着困意的眼睛。也许是因为个子高的缘故吧,所以显得有些驼背弓腰。

他对待兰姐的态度略冷,我感觉他甚至不愿意和兰姐多说什么话,我想也许是性格本就如此吧,并没有像兰姐和我说的那么热情如火。而且我有种感觉,就是她这个男朋友好像不太愿意在公共场合与兰姐多说话。

后来的故事就比较狗血了,我和兰姐一起工作了大概5个月,在我处理完一些个人工作以外的事情后,就回到公司过正常的朝九晚六了。

在这5个月里面,我最大的调味剂就是兰姐的婚事。我记得她前后说要结婚不少于8次,而且每次都是比较"慎重"地告诉我们她要结婚了,要请我们喝喜酒。

兰姐还珍而重之地买了结婚穿的新衣服,让我一起给她挑了大红色的床上用品。她说自己虽然是二婚，但是一定要喜庆。后来我们另外几个人想着人家结婚总要随份子吧，没有份子也要有礼物啊，然后我们各自有随份子钱的，也有直接送礼物的。

就这样，我们妥妥地认为兰姐要结婚了，但他们就是迟迟没有结婚，各种说辞和版本有很多。对了，她的男朋友叫大宏，大家都这么叫，时间长了，我也就知道了她男朋友的名字。

大概最准确的一个版本是，大宏想和兰姐结婚，但是户口本被父母藏起来了，所以没办法登记。在兰姐多次威逼利诱、各种哭闹不休的威慑下，大宏终于搬出来和兰姐住在了一起。

还有一个版本是大宏和前女友见面了，然后前女友过了段时间说自己怀孕了。那时候估计是大宏想和前女友复合，但是人家可能根本没那意思，但没那意思也怀孕了……总之，其中的细节我们不知道，但是这事又是一阵山崩海啸。最后是大宏不知道怎么办了，兰姐把电话拿过来，各种污言秽语地骂了大宏的前女友，最后兰姐给了大宏一笔钱，让前女友去打胎。

前女友这事总算解决了，按理说兰姐和大宏该修成正果了吧。不，还没有。到后来兰姐每次和我们说她过些日子办婚礼时，我们嘴上祝福，心里却都默默地想着是不是又是个假结婚呢。反正礼物我已经送了，在她每次说的时候倒也没有压力和尴尬。

还有一段时间，兰姐和我唠叨说："栗子，你懂中医，你给我看看我这身体怀孕合适吗，要怎么调养。"我一个趔趄，差点摔倒。别的不知道，倒是知道兰姐和前夫有个儿子，而且儿子都上大学了。现在突然说要和大宏生个孩子，我吓得出了一身冷汗。

兰姐告诉我，她觉得大宏的父母不同意他们结婚可能是怕她年纪大了，不给他们生孙子，所以兰姐准备先怀上孩子，然后大宏的父母就不得不让他们结婚了。

　　那天和兰姐交接班后，我看到桌子上面我们交接班用的记事小本子上写满了"怀孕""生宝宝"这些字样，我想那一定是兰姐在没有顾客的时候一个人写的。我不知道该怎么表达自己的心情，只是她和大宏之间我是真心看不懂。

　　后来我知道了他们之间更多的事情，兰姐和前夫离婚后分得了一笔财产，后来拿给大宏做生意全亏了，自此以后两人就一直纠缠不清。

　　对于兰姐的事情我不知道该怎么说，或者我这个外人根本就无权评论什么，但是我一直感觉大宏并非真的愿意和兰姐领证结婚。而他们没分手，只是因为大宏需要一个保姆，倒贴男人的女人男人当然乐意。

　　每次听到兰姐和我说她给大宏买了衣服、买了鞋子，给他打的游戏充了钱等，我内心都无比难受。兰姐为了"结婚"，网购了两件衣服。她在镜子前照了好久，对我说："这件衣服不好看，你看看这肩膀，你看看这长度，都不算太好，但是却要200多元，这也太贵了！我准备都退了，而且我这身材也穿不出去呀，还是省点钱给我男朋友买东西吧！"

　　兰姐和大宏的感情我不懂，但是我却知道一个女人如果不经营自己，男人也必然是嫌弃的。所以无论你多爱一个人，可以为他付出多少，但是请不要失去自己，当你失去自己的时候，男人也必定不会再珍惜你。

　　在没有经营好自己之前，又怎能强求别人爱你呢？虽然我能理解兰姐很多次的脾气粗暴,但却不能接受。

听说现在兰姐和大宏还没有结婚,但一直住在一起。我时常在想,如果兰姐接受大宏并不爱她的现实,又能够多经营自己一些,那么结局或许会更好,受到的伤害也会更少吧。

——致兰姐!

我一个女孩子，用得着这么拼命吗？

当我实在太累的时候，就会有这样的想法：我一个女孩子，用得着这么拼命吗？坦白地说，我的姿色还不错，各方面也还行，难道我就不能像很多女人那样，随便找一份安逸的工作，然后仔细挑选自己的婚姻，这相比于现在的我来说，轻松太多了。

可当我缓解过来的时候，我又想还是自己靠谱，谁都靠不住。这两个问题我想了很长时间，却一直都没有一个确切的答案。

但生命总会让你在冥冥之中找到答案。

凌晨 4:30，闹钟响了，外面刚下了场暴雨，窗户上打满了水珠。我迅速穿衣、起床、洗漱，检查行李和证件是否带齐。

到楼下正好 4:40，叫的车还没来。刚下过雨的空气格外湿润，天空还零星地飘着点小雨，我怔怔地望向天空。天还没亮，东方有些鱼肚白。这时候整个小区都清清冷冷的，只有大门口门房大爷的灯是亮的，大爷在打盹，车子来了也不知道。

尽管是最早一班的飞机，但机场里却还是人头攒动，这个点也许就机场和火车站的人比较多吧。想起自己不知道多少个这样的早晨在各个城市的机场赶飞机,又有多少个凌晨一个人孤零零地到达陌生的城市,再想想昨晚加班修改的方案,几方合作人员各抒己见,各怀心思,导致项目进展缓慢,心中便感到一阵无力与疲惫。

两个月前,一名熟悉的医生就告诉我,让我多注意身体。因为我长期劳累,加上工作压力大,因此导致肝气不舒,已经影响了脾胃不和,气血两亏。再不注意的话,半年后身体状况会坏下来。当时的我一阵恐慌,觉得我一个女孩子用得着这么拼命吗,而且拼命的结果还并不尽如人意,工作中总有许多沟沟坎坎、难以协调和满足的事情。那时候真的想放弃,于是我向领导提出了辞职,准备休养下身心,后来在领导的劝说下坚持了下来。

其实,很多时候我都在想,这么拼命值不值得。但想想我既没有丰厚的存款,也没有富有的爹妈,更没有有钱的老公,于是又咬着牙坚持了下来。有人说,当你每次不想努力的时候,把自己的存折拿出来看看,就会有坚持的动力了。我想我就是这样吧,不管多累,不管遭遇多少不公,我还是要咬牙挺住。

我认识一个姐姐,我叫她清老师。清老师是我在职场遇到过的人里面最佩服的人之一,因为不管多么复杂多变的事情,到她手里总是能巧妙地化解。清老师是个大忙人,一年365天,她有280天是在出差当中度过的,是所有航空公司的贵宾会员。工作从来都是没有早晨,更没有晚上。在我与她一起共事的2年里,遇到难题她总是能让我安心,给我解决办法。

有一次事情忙完了,我和清老师一起喝咖啡。清老师问我:

第一辑 你若不勇敢，谁替你坚强

"栗子，你说我为什么这么拼命呀，家里有房有车，先生收入也不差，不缺吃不缺喝的。就算我不工作，维持现在的生活水平也是没问题的。可我现在却要受这么多委屈，有时候想想挺不值的。"我在清老师疲惫的眸子里看到了无奈和迷茫。

那时候我是不能够理解她的，在我看来，有能力有本事的人何必在这种地方受累受委屈，做得好了别人拿走成果，做得不好了承担所有责任。

后来，清老师对我说，她还是决定坚持下去。因为人要活得有价值、有意义，不管实现起来有多少阻碍，但只要本身做的事情是有意义的，她觉得就应该坚持下去。而且她的能力出众，就算有些人有些想法，却始终都没有她那样的能力。

我不和清老师一起工作已经3年了，但是我知道她一直都还在坚持着，也经常看到她朋友圈里她还像个"空中飞人"一样，也看到她累病了。

想想她，再看看自己，觉得自己想离职可能是矫情了，别人比你有更多的资本、更强的能力都在一直努力着。生活工作之中，谁没有委屈，哪里又会有你想象的公平。但是，有时候我们努力不一定是因为其他，而是我们本身就应该努力。

在穷的时候，我们努力是为了让生活好起来，为了能照顾我们想照顾的人；在我们不愁吃穿的时候，我们努力是为了实现生命的意义和价值。在这个过程中，工作和生活的时候，我们会受到不公的待遇，也会受到委屈，更会操劳到病倒。但是，这一切都不是我们不努力的理由。我一直觉得，有人说一定要努力到无能为力这种事情有些夸张。但是人生无论是哪个阶段，努力都是必须的。

打起精神，努力是必须的，勇敢面对是必然的。

不管多难，只要面对就有希望

"姐，我把人家的车给剐了，你过来帮我处理一下，别让爸妈知道。"

"你自己想办法处理一下呗，需要钱我可以给你。"离家千里之遥的我回答道。

我弟弟总喜欢在困难的时候打电话给我，这让我很反感，并非是我无情，而是我不想让他成为一个依靠别人的人，如果是那样，他的未来会很不堪。

逃避，是一个不好的字眼，却让人在短时间内很舒服，可是逃避过后该面对的还是要面对，该来的不会躲过一丝一毫。

最近有一部口碑特别好的电影——《我不是药神》，我也买了票和朋友一起去看了。其实，我看这部电影的原因很简单，因为一起看电影的朋友有类似的经历。

虽然与电影里的人物经历不大相同，但是让我佩服的却是他们都勇敢地面对了艰难的生活。电影里面有句话说得很对："谁活着都不容易。"如果你想逃避的话，便永远都没有机会。但如果你选择面对，那么就会有一线的希望。

电影里的白血病人以及白血病患者的家人们，经历了从彻底的绝望，再到在绝望的夹缝中找到生存空间的过程。虽然电影中并不是每个人的结局都那么完美，但是他们抗争过，努力来摆脱死神的降临，最后，他们才找到自己在这个世界上真正的生存空间！

电影最终以事实证明，不管多难的事情，只要你面对了就会有希望；至少会活得久一点，又或者你能帮助更多的人！

这部电影，我是和大军一起看的。因为有相似的经历，所以大军从一开始就关注这部电影，这也是他和我提过的极少数想看的电影之一。

从我刚认识他的时候，就彻底理解了一个字——穷，特别穷。但是看他平时工作卖力，收入也不错，又觉得他不应该很穷。因为他好歹有一份体面的工作，正常的收入，对一般人来说工资还是偏高的。但是我一年到头从没看到他买过衣服和鞋子，吃饭也异常简单，经常一个面包就对付一顿，对自己唯一的额外消费就是抽烟，也许有的时候让自己躲在烟雾缭绕中，他才会有片刻的放松与安心吧。

大军一直都是一个沉默寡言的人，即使面对再好的朋友，也都很少说话。大家在聚会的时候，哪怕气氛极为热烈时，他也只是静静地听着大家吹牛，或是说着没有营养的话。然后，他一个人慢慢地喝酒，或者默默地抽烟，这就是我对他的最初印象。我很少看到他笑，更确切地说是真心的笑。有时候即使是特别好笑的笑话，他也只是很勉强地挤出一点点笑容。

直到有一天，我们相约去爬山，因为爬山是最省钱的运动之一。也许他有很多很多的心事，但却从没有向外人倾诉过，而这次他竟然和我聊起了他的生活和家庭。直到这时候我才知道，这个沉默寡言的男人身上背负着多么重的负担。

他小时候家庭生活还算稳定，至少在他家所在的小镇上生活得还算不错。他从小就是个特别顽皮、特别叛逆的孩子，因为父亲是个有大男子主义情结的人，所有人都要听父亲的，而他年少时没少叛逆过，所以也没少挨打。包括后来上学选择专业时也是这样，大军想学金融，但是父亲不准他跨省上学，让他不管选什么专业，只要离家近就行，他要对子女和家人有绝对的掌控权。

在那样的环境下，大军大多数时候是喘不过气来的，原本以为可以借上学远离家庭，但换来的却是父亲更强硬的态度。他为此抗争，离家出走长达半年之久。最终他还是扛不住父亲的重压，选择了离家较近的学校上完大专。虽然并不是自己喜欢的专业，但是大军还是尊重了父亲的决定。

那时候大军就知道父亲的暴躁、偏激和他的病情有很大关系，但母亲和父亲并不让他知道父亲到底得的是什么病，他只知道家里慢慢变得很穷很穷。他年纪虽小，但那时候已经能感受到亲戚们的疏远和瞧不起，所以这次上学为了不给父母添麻烦，他选择尊重父亲的安排。但是，家里并没有凑足学费。对穷人的孩子来说，上学也许真的是奢侈的，但也是改变命运的唯一途径。

好在那个时候国家出台了大学生助学贷款政策，他得到了学费的无息贷款。后面几年的生活费除了哥哥辍学打工补贴一些外，周日和寒暑假大军都在打工。端过盘子，在理发店帮人洗过头，发过传单，做过促销，反正各种零工他都做过。

终于等到大学毕业，大军因为成绩优异，一毕业就有公司接收。接收他的是一家医疗企业。那时候他充满希望，觉得未来一片光明，只要自己肯努力，一切都会好起来的，他也一定会通过自己的努力来改变自己的命运。

但就在他入职不到1周的时候，他接到了母亲的电话。母亲告诉他，父亲已经时日无多，让他回去看一看。对于母亲的来电，大军是绝望的，因为他觉得终于有能力可以照顾父母的时候，却被宣告父亲已经时日无多，有种子欲养而亲不待的感觉。

大军匆匆地赶到医院，发现父亲早已憔悴不堪，没有了往日的神采。这时候，大军多么希望父亲能够像以前那样站起来暴打自己一顿啊！但是，这只是奢望。

最后医生告诉他们，想要活下去或许还有一线希望，代价就是昂贵的医药费，而且并没有太大的把握。所以母亲在无能为力之下选择了放弃，但是大军为了救父亲的命，坚持说服母亲要不惜一切代价地救父亲。好在这次的坚持换回了父亲几年的生命。

那个时候大军家早已没有房子，一家人租房住在简陋没装修的毛坯房里。哥哥也一直拼命地打工挣钱养家和给父亲看病。母亲早年不工作，现在也出去工作了，给人家做保姆。而这一切对于巨额的医药费来说，都只不过是杯水车薪。这时候的大军，也许是家里唯一的希望。但是对于刚毕业的大军来说，整个家庭的担子确实重了一些。

大军从此背上了沉重的债务——永远还不完的债务，永远都在听母亲的哭诉。母亲无助慌乱的背后，是这个家庭巨额的债务。

因为欠债，大军一直都无法喘息，他不知道该怎样去解决这一切。除了拼命地工作之外，貌似也别无选择。在最初的几年里，他不知道什么是周末，也不知道什么是生活。别人不干的活他都干，即便有时候并没有实质性的奖金，但为了抓住那一丝的机会，他愿意付出所有，所以他只是干活的机器，没有思想，没有灵魂，也没有生活。

那会儿有个女同学一直喜欢大军，但大军最终还是拒绝了她。因为大军说他自己是个没有资格恋爱的人，为了不害女方，为了不把女方也拖入这个黑洞般的无底深渊中，他放弃了一切个人的情感。

为了还上父亲欠下的巨额债务，以及承担起父亲每年的巨额医药费，在工作3年之后，大军决定离开原来的公司，准备去北京看看有没有更好的机会。

原本带着美好的幻想来到北京，竟不想在北京生活的更加艰难。

他走了好多地方，最后在圆明园附近找了一间平房。脏乱差的环境自不必说，这些苦对大军来说都是小事，因为在有希望的人眼里，这一切都是暂时的。

说到艰苦，有一件事必须说一下。有一年下大雨，大军的住处被水淹了，包括被子也是湿的。因为要把钱省下来给父母，他舍不得在旁边的小旅馆暂住，就这样，他在没有电的小黑屋里，盖着潮湿的被子睡了1周。我无法想象那黑暗中绝望和希望交汇的心情，但却知道一件事，那就是大军从此落下了病根，调理了好几年也没见好转。

据说父母和孩子之间很多都是债务关系，我想大军与他父母之间一定也是如此吧，大军的生命只是为家里不停地还债、再还债。

除了高昂的医药费外，父母的虚荣心也是极大的，因为多年的贫穷，导致在亲戚朋友眼中一直低人一等，他们早已受够了这种冷眼。在看到儿子能够拿回来钱后，他们以为外面到处都是钱，可以随地捡起。花销从此不再考虑，甚至变得无度起来。作为父母，他们并不懂得儿子真正的辛苦和隐忍。

就这样，在大军工作后的6年里，不论给家里多少钱，始终都是一分不剩，过段时间仍然能听到母亲的哭诉。6年间，他竟然都没还上助学贷款。

父母以为大军有本事了，可以像提款机那样随便取，却从来没有关心过大军的生活如何、过得怎么样，也从来不问他是否交到女朋友，结婚是否需要房子？他们有意地回避着这些敏感问题，也许无力和自私本就是相连的吧。但作为儿子的大军却从来都无法拒绝父母的任何要求，电话中最多的对话就是："好！你别哭了！我想办法！"

第一次听到大军的故事时，我想起了热播剧《欢乐颂》里面的樊胜美，我总以为这样离谱的事情都是编出来的，但是大军的处境却让我明白所有的故事背后都是有原型的。樊胜美的父母虽然极力地剥削女儿，但是好歹会把钱贴补给儿子啊！但是大军家不是，因为他的哥哥和他一样惨淡，甚至更胜。因为大军的哥哥更加老实，每个月的工资都一分不剩地全部上缴了，连零花钱也少得可怜，经常身上只有买矿泉水的钱。钱都由父亲收着，对于病人来说，或许钱也是安慰剂。

对于别人的父母我本无权评论什么，可是大军的父母貌似找到救命稻草后，忘了这根稻草也有可能会被他们拉下水底，永远都浮不出水面。他们从来都不知道自己儿子的生活状态，自己儿子为了挣钱，为了省钱，身体早就已经垮了，自己儿子的精神世界也是一片灰暗狼藉。

直到去年，大军高兴地告诉我很多事情都解决了。父亲病情终于稳定了，家里也东拼西凑地在北方小城首付了一套房，自此终于结束了全家颠沛流离的生活。

那是我第一次看到大军真正的微笑，有种如释重负的微笑，眼睛里也有了些许神采。

大军的父亲在搬进新家的半年后安详地离开了，我陪着大军去医院见了他父亲的最后一面。大军的眼里闪烁着水雾，却始终没有哭出来。

后来他告诉我，他觉得他对得起自己的父亲，对得起家人。尽管从某种程度上来说，这些都是他以自己现在的身体状态，以及这些年来承受的苦难换来的，但是父亲能多活这些年，最后安详地离开人世，一切都是值得的。

大军的故事并不算新鲜，但在这个沉默寡言的人身上我却看到了坚强。我不知道自己在面临那么多绝望的时候会怎么办，但是我知道的是他一路负重前行地走了过来。如今，大军已经身无债务，家里也买了房子，本身的收入也还不错，未来可期。

在如今这个复杂的世界里，我们见多了各种各样的奢靡，也见多了各种各样的狼狈，更见多了各式各样的欺骗，所以大多数时候我们都会冷漠视之。因为命运本就如此，没有人会替你扛走命运的不公，或者命运的厄难。唯一能帮助你自己的，或许就是怀着一线希望，穿过泥泞，走过山川湖海，走过荆棘遍地。

有人说，再黑的夜里都会有一丝光明。我在黑暗中打量着坐在影院里一动不动的大军，本以为他会泪流满面，但最后却发现他始终平静如水。

未来终究有亮光等待着我们，走过沉沉黑夜，黎明的曙光即在眼前。最重要的是，他的人生将没有遗憾。对于大军来说，多年后想起这一切仍会觉得没有遗憾,因为他做了能做的一切,也付出了十二分的努力。

逃避,始终都不是个好办法,即使看不到未来,即使没有曙光,我们也还是要面对。

第二辑　人生有的是挫折，习惯了就好

有时候，我怀疑自己快成了一个"垃圾篓"，不管是谁遇到挫折，都会来到我面前，不停地倾倒着自己的不良情绪，而我却还要装作很关心的样子，这样真的很累。

直到有一天我实在受不了了，对着一个正在倾倒不良情绪的朋友说，别那么矫情行不？不只是你一个人有挫折和不幸，每个人都会有，而且这些困苦会一直伴随在你的左右，我可能给不了你实质性的帮助。朋友愕然，最终带着不快走了。

到现在，我仍然坚持我说得没错。毕竟人生有的是挫折，习惯了就好。

面对意外与挫折，要学会正确选择

艰难、失落、懊悔、痛苦……大部分不良情绪都来自该死的选择，但人生就是这样，不选择还不行。

更纠结的是代价，当你选择一样东西时，就会失去另一样东西。我在逛街的时候，经常会看到算卦摊前挤满了人，而很多人选择去算卦，无非是想要更好地做出选择。也有很多朋友在犹豫的时候来找我，让我帮着出主意，但我往往无可奉告，给不出什么建设性的意见。

因为我也在此间，并无时无刻不在为选择而纠结。

吕梁大雨并伴有雷电，飞机在吕梁上空盘旋了两次后飞走，最后被迫降在了太原。全机乘客都在候机厅焦虑地等待着，等待广播通知我们可以再次登机。航空公司为此安排了巴士，如果不想等飞机的乘客，可以乘坐巴士前往目的地。

我从滴滴软件上查看了一下，我们从太原机场到达目的地需要500多元的车费，三个人500多元其实不贵，于是我征询同行的领导是否要转乘出租去吕梁。领导看了看车费，又看了看人群，说我们要节省经费，再等等吧。于是我们拖着行李箱，上上下下地搬运着行李。

在1个半小时后，终于得到通知可以再次登机了，本以为这次登机能够尽快起飞，不想坐了半小时仍无动静。机舱里于是开始吵吵嚷嚷起来，有抱怨飞机不飞的，有抱怨耽误了行程的，也有抱怨耽误很多事情的。

还有一对中年夫妇在吵闹着要赔偿，他们到达吕梁是要转机去兰州的，不想飞机已经耽误到转机的飞机已经飞走了，这对夫妇不知道航空公司的规则，因此在机舱里和乘务员吵闹，要求补偿机票等。乘务员和机长不厌其烦地解释着，如果耽误了行程，换退票以及赔偿事宜请下飞机和地勤工作人员联系。但是这对夫妇唯恐被航空公司欺骗了，因为重新从太原买机票要2000多元，这比原来的机票要贵很多。这中间必然会损失一些，因此这对夫妻不依不饶地和乘务员较劲吵闹着，也和全机乘客较着劲。因为"已经没有飞他们目的地的飞机"了，他们既不让飞机起飞，也不下飞机。飞机上的旅客终于有受不了的，好几个旅客上前和这对夫妇解释，但他们依然如此，顽固得令人心惊。

最终机长和乘务员解释得口干舌燥，其他（包括我）的旅客怒目而视，甚至还有用粗俗言语攻击的行为，都未能令这对顽固的夫妇下机或者同意我们的飞机起飞。最后还是地勤人员上来，让两位下去办理退票手续后，再重新买票，并承担其间的差额，这对夫妇才作罢。

目送这对夫妇下了飞机，我们都大大地松了口气。但是由于他们耽误了起飞时间，航线需要重新申请，于是我们又开始了无止境地在飞机上的等待。我不记得我睡着了几次，又醒了几次，总之原本应该8:30到吕梁的，最后我们下午2:30才到。

早上出发太早，没吃早餐，飞机上的一个热狗根本解决不了问题，到吕梁后就饿得前胸贴后背了。我嘴巴里不停地抱怨着今天飞机上的遭遇，更是把怨气转嫁到我那犹犹豫豫的领导身上。

因为飞机晚点的关系，本来约好谈的事情也一一延迟。这次出来本就时间紧任务重，再加上飞机上还要求关机，许多事情都来不及处理，弄到我们下了飞机根本没时间找地方吃饭，就直奔酒店，看会场、测量场地、重新谈判酒店房价餐费等。还有与地方政府部门一一协调各种事宜，一直忙到当晚9点都没吃上一口饭。

饿得实在没力气去找吃的，只好让人送了些进房间。

我不禁在想，现在所有的企业都在节约成本，开源节流，那么这样做到底是对的还是错的呢？比如今天这件事，本来吕梁机场到我们目的地也要近200元，从太原过来是500多元，就因为这300多元的差价，我们一直被闷在飞机上，而且耽误了许多事情。到底是节约那300多元重要，还是我们踏踏实实地把事情办完办好重要。貌似在公司和领导看来，什么都没有那300多元重要。

最终此次的事情并没有想象的那般顺利，开始定的酒店不符合开会要求，于是重新找酒店，重新找场地，临时调整诸多事宜，包括相关文件等，都令这件事做起来极其费事。我们三人在准备的这两天里面，凌晨6点起床，凌晨3点睡下。

我总是在想，如果当时我们抢下那半天的时间，是不是我们就不用那么被动了。我们多了半天的时间处理各种应急事件，那样工作的结果或许会更好一点。

这次飞机上的遭遇是比较闹心的，很多时候我们都不能在第一时间应对变故。我领导不能，那对飞机上的夫妇更加不能。倘若他们能第一时间坐上航空公司准备的大巴，会刚好赶上他们转机的飞机。而我们如果第一时间选择大巴或是出租直接到达目的地，我们的工作也将不至于如此被动。

这件事让我想起以前看的一本书——《谁动了我的奶酪》。其实生活中很多时候都不可能是一成不变的，更不可能所有事情都朝着自己预想的方向发展，如果我们不能做到随遇而安，那么至少要在第一时间做出正确的选择，这样会让我们损失得更少一些。

去年夏天，公司里大部分同事都买了一只游戏公司的股票。据传有消息称，这只股票会大涨。于是乎，有存款的基本上全压上去了。最让我震惊的是，有一人拿了房子直接贷款一百万去买股票。

结果悲剧了，这只股票一跌再跌。我知道的是他们进的时候是近50元，中间一路跌下来，至今只有20元了。我没有买，我也不知道买了这只股票的同事心中的辛酸，但是我想每一次的震荡都会牵引着他们的心吧。

这里面主要想说两个人，一个就是那位贷款买股票的同事，除了自己贷的钱外，还加上了自己本身的储蓄，共买了约150万元的该只股票，但是在这只股票跌得他看不清的时候果断全部撤出，以总额亏损不到30万与这只股票告别。

但是另一位同事就不同了，他同样买了好多，但是对这样跌总是不甘心，最后为了补仓抄底，把家里的现金存款和年底自己的所有提成和奖金约50万又全部投入到这只股票里面。目前依然被牢牢地套在这只股票里面，如今中国股市一片哀嚎，加上这只股票一直表现不佳，不知何时才是翻身的时候。

这两位同事在经历股票事件的时候，第一位发现不对时，以最少的损失彻底脱离；而另一位则是不甘心，或者还抱着侥幸的心理等待。而这一想法未必是错的，万一这只股票飞起来了呢？但是不甘心和贪心往往会把我们带入地狱。

如今想来，不管是飞机上顽固的夫妇也好，还是我们一起出差的领导也罢，不过是惯性思维，不愿意去"舍"，而当我们不愿意"舍"的时候，自然也就无法"得"。

做一个灵魂闪光的自己

无聊时翻开新闻,总能遇见这样的标题:

某某女子在地铁抽烟,不顾及他人感受被众人制止。

某某男子在公交车上扔东西,受到乘客一致"讨伐"。

……

这让我想起了人性与家教,也许在不影响别人的情况下,这些行为都很正常。但在公共场合,你不得不注意。这样的人我也是极度反感的,也由此想起了自己的一些事情。

前几天偶然读到《上海生死劫》的作者郑念的事迹,民国是个乱世,但是也出了诸多才子佳人。这些人里面,有远走他国的,也有回到祖国的。

为什么想说郑念这个人呢,或许是因为看过她个人事迹之后便佩服无比吧。郑念中年丧夫,晚年丧女,还坐了6年牢,受尽了人间的苦楚与磨难。最后移居美国前已经超过70岁,怎么看都是一个落魄潦倒的老太太。但事实却并不是这样,郑念到了美国后,开始重新生活,并写出了轰动一时的著作——《上海生死劫》。她拒绝邻居的帮助,她说我不想让人家把我当作孤寡老人。在狱中不管多么残酷,郑念都没有承认没有犯过的罪行,一直保留着灵魂的干净。

试想现在我们经常遇到的人,有多少人能有如此闪光的灵魂。

记得有一次吃饭,我不适应包厢里面烟酒的熏闹,于是便找了个借口逃了出来。正好碰到一个认识的人,便与他坐下闲聊,我说你是我逃离的借口。他说:"是你自己太善良,顾及别人的感受。别人或许一丁点儿都不在乎你的感受。"他的一句话说得我哑口无言,想着也许他说的是对的吧。但是并不能因为他人如何,我就一定要变得如何,至少我还会顾及一下他人吧。

我认识一个女子,是做财务的,且叫她W吧。其实在公司里上班,接触的财务不止一人,以前的财务只要把该有的手续都办好了,还是很明事理地帮助大家解决问题的,毕竟财务在公司内部也属于服务前线员工。

而这位W,是我见过比较惊世骇俗的一位。我见过刻薄的人,但是这样刻薄的人还是比较少见的。我们部门经常加班,而且经常加班到晚上9点,还没有吃晚餐。不过我无所谓,很多时候我也不大吃东西,因此也就没太在意这些。但是后来有几次和我们这位W一起加班,那待遇是真的好,眉州东坡、小吊梨汤、鹿港小镇等换着吃,只要是附近好的餐馆就随便吃,而且不用考虑餐费标准。

这是和其他人加班所没有的待遇,包括和老板一起加班,好的时候也不过是点两个比萨。说实话,和W加班确实在这方面有着独到的好处。人家手掌财务大权,自然是方便许多。但是还有几次加班,和别的同事一起那就不行了,申请点加班餐费W简直是各种阻挠以及标准限制。那时候我心里就默默地想着我们餐费到底是什么标准呢?至今也不明白这个问题。

W特别喜欢各种名牌，以彰显自身品味。生活用品也大多是从国外代购回来的，一套西装要几千块。与她一起出差，回来的时候W总是满满一箱子各种美容用品，都是价值不菲的。出差去贫困地区扶贫，W背了几千块的皮包，一度搞得我想去考个会计证书，以为财务的收入巨高无比。后来打听一下才知道，这个级别的工资水准也就那样。

W让我真正对她敬而远之的一件事情，就是我们去做一个扶贫的项目。除了当地的一些富户外，百姓确实是比较艰苦的，包括一些基层政府部门的工作人员。当然穷地方的人有些爱占小便宜的心思也很正常，于是乎，这些人一天三顿地来工作组吃饭。本来作为工作人员，吃就吃了，我们也都没多想。

不过，W见到这种状况却不干了，觉得不能让别人占了一点儿便宜去。主管领导说当地的工作人员很辛苦，让我安排一桌好一些的饭菜招待他们。结果W知道后，直接打电话和我吵架，吵架的原因竟然是我把好的饭菜给别人了，没有优先招待她……

这种不分场合、不分轻重的吵架我实在无力纠缠，就随她去吧。

更为惊世骇俗的是，我们一起工作，服务的也是同样的客户，是一个团队的，理应以好好配合把工作做完为第一任务。之前发生过什么我不知道，那天见有许多重要的客户在场（这些客户以往都是我接待的，和我自然熟悉一些），W估计是找到了在客户面前表现的机会，于是在客户面前对我大声地吼叫后，又极尽挖苦一番，最后又跑到老板那里告了我一状。

我不知道她这样做会不会让客户对她的印象深一些，但是至少我是印象更深了，宛如噩梦一般。虽然我一直都知道有些人脾气不好，甚至会打架，但是如此奇怪的脾气当真是我生平第一次遇到。

后来我与朋友一起分析，他说这样的女子大多数以自我为中心，有一点违背了她，就是她的仇人，而且这种人嗔恨心极重。并说我这样不屑于和别人解释什么的性格，遇到这样胡搅蛮缠的人最好还是躲远一点好。这样的人说好听一些是爱虚荣、玻璃心，说不好听一些就是无理取闹、蛮不讲理。

其实她若是不如此无理取闹，我是想找熟悉点的医生帮她检查身体的，因为她如此爱发脾气，必然是肝气不顺。但是肝气再怎么不顺，随意地去攻击他人就是她的不对了。而这种身体是需要治疗的，不然还是会伤及无辜，最终也会伤了她自己。

我们回过头来再看郑念这位女子，她出身于名门，受过良好的教育，即便蒙冤入狱，也能坚持自己的原则，并在此期间没有伤害过任何一个人。在知道自己可能会出事后，她做的第一件事情就是从银行取出钱来，分给了家里的用人，让他们各自回家，怕他们受到无辜牵连。而在遇难过程中，她始终坚持自己的原则，还巧妙地救了一个在抄家时偷偷拿她东西的女孩子，并让那个女孩子自己去把东西还回去，从而避免了一场灾难。

一个是竭尽所能地去伤害他人，一个是保护伤害自己的人。可能拿这两个人来做比较，本身就不公平，毕竟郑念只有一个。但是我想说的是，一个人只有真正地善良，才能赢得别人的尊重。如果不是，即便靠着暂时的地位和特殊的关系得到了别人的恭维，但是一旦出了变故，那么这一切都会烟消云散。

有句话说得好，现在很多人都是以圣人的标准去要求别人，而以宽容的态度来要求自己，无视别人的努力与付出，只尽一切可能地把自己的利益扩大。但是中国自古以来的教育都是先为别人考虑，身在如今的时代和社会，希望所有的人在做人做事前能够考虑一下他人，让我们的灵魂真正地闪光。

你待世界以温柔，世界将还你以真情

善良的人，运气都不会太差，这句话很有道理。我认真地想过善良这个词，从某种意义上来说，它是一种忍耐力。

也有人对我说，善良都是有限度的。我由此想起了各种明星捐款事件，想起了道德绑架，最后我得出的结论也非常人性化：如果不是处于绝地，还请保持你的善意。

有一年我坐火车去敦煌，在车上碰到了一对夫妻，就是那种最普通的夫妻。当时我们好几个人坐在一排座位上，其中有一位乘客喜欢把瓜子壳、果皮、啤酒瓶到处乱扔。我们坐在边上的人都有点厌恶这种行为。

这时候乘务员过来收垃圾，这对夫妻中的女士在把垃圾袋递给乘务员后，又把桌子擦得干干净净的，还把地上的果皮全都捡起来，收拾好后递给了乘务员，并笑嘻嘻地和乘务员说我们弄得有点乱，她会收拾好的。

她先生心疼她弄脏了手，她撅嘴跟他先生撒娇。从这件小事我开始注意这对夫妻，发现他们旅途所带的东西非常节俭，但是他们一路上都很高兴。尤其是这位女士，一路上都小声诉说着旅行见闻，高兴地和先生讨论着旅行中遇见的人和事。她先生也宠溺地回应着她说的所有话，并参与讨论。

这位女士让我感触最深的是，她不漂亮，但是有种如水的温柔，又有种润物细无声的感觉，总是不经意间让人觉得她是那么美好、善良。她的气息里面透着温柔，透着善良，更透着豁达。如今想来，也只有这样的女子才是真正地有教养。

中途我看见她用保温杯倒出保健茶水递给先生，我看见她把橘子剥好递给先生，也看见她在烧饼里面夹好咸菜递给先生。他先生也都一一接过去，眼神里面有幸福、有赞赏。

这位女士并不是很美丽，但是却让我们周围的人都感到舒服。那时候我就在想，所有的幸福也都不是无缘无故的吧。

一路上我们周边的人有任何事情和问题，她都热心地帮忙，并分发着他们带着的并不昂贵的小零食。乘务员路过或者收拾的时候，她也总是甜甜地笑着帮忙。和她在一起，你会忘记这个冷漠的社会，也会忘记这个世界上还有坏人。

一个人能给他人这种感觉，除了她平时生活在幸福里面之外，她必然也是位心地善良纯粹的人。后来我再也没有见过这样的女子，更多时候看到的是各种刻薄、各种冷漠，又各种虚荣的女子。像这样质朴善良，又不缺教养的女子，倒真的是很少见。

也是那一年，我从敦煌回来，途径兰州的时候，因为是早上到的车，而转车要等到晚上，于是我在兰州待了一天。想着没去过五泉山，于是便一个人去爬山。这种爬山都是三三两两的一行人，其间我却遇到了一个也是独自爬山的阿姨。

这个阿姨面有愁容，两手空空，大热天的手上连瓶水都没拿，与我一前一后地走着，于是自然就搭上话，一起聊了起来。

原来阿姨愁的事情是自己的儿子，还不到20岁就有了女朋友，而且女朋友最近还生了孩子，目前让阿姨来照顾。阿姨的儿子和儿媳自己都还是孩子呢，现在又都不上学了，也不出去工作，将来该怎么将孩子带大呢？

最关键的是女方父母不同意他们结婚，说男方如果不准备大笔的礼金，他们就不让自己的闺女嫁过去。阿姨家是农村的，经济并不算好，而且丈夫还生了病，正在乡下老家养病。现在一下子发生了这么多事情，所有的压力都落到了阿姨的身上，一个身无长处的农村妇女，遇到这一切顿时感到手足无措。

今天把小孙子哄睡着后，她让儿媳妇看着，自己出来透透气，可是上山前她连瓶矿泉水也没舍得买来喝。

阿姨带着方言的诉说我还是听了个大概明白，这样的家务事别人都是帮不上忙的。我能做的就是静静地听阿姨诉说着生活的艰苦，也为她儿子的不懂事感到无奈和气愤。阿姨说她不知道该怎么办。

看着阿姨，我想起了火车上那个总是甜甜地笑着的温柔女子。我不知道如果是她遇到目前这件事，她会怎么处理。

我不太会劝人，但还是尝试着劝说并鼓励阿姨坚强，所有的事情都是暂时的，儿子儿媳总会长大，小孙子也会长大，家里病人的病也会好起来的。

到了山顶，我想请阿姨喝一杯茶，因为我知道她一路上都没有喝水。阿姨推脱说她从儿子租住的房子出来时喝了水，但是我知道对于20元一杯的茶来说，阿姨是有些舍不得的。

看着阿姨局促得不想接受，想自己付钱，可是掏了掏口袋又把手拿了出来。为了缓解她的尴尬，我对她说："我家也是农村的，您很像我的妈妈。我今天请您喝茶没有别的想法，就是希望如果有一天我妈妈有这样的境遇，也能有个人请我妈妈喝杯茶。"

其实那时候只是一句劝说阿姨的话，可是几年后却真实地发生在了我母亲的身上。弟弟生意失败,两个孩子上学、吃饭、穿衣,所有的压力都转移到了我父母的身上。母亲很多次在电话中对我哭诉生活的苦闷,作为女儿的我只能多安慰,并没有能力去填补家里那么大的窟窿。

后来母亲去城市找了份工作,有一次出来打工的时候迷了路,也得到过一个女大学生的帮助,她把母亲送到了可以到家的公交车上。我不知道当年我的无意之举是否有传说中的因果,但是我知道一件事,就是"赠人玫瑰,手有余香"。

如果我们在生活中总是把恶意或者垃圾扔给别人,那么自己的手上应该也是臭的吧。

我认识一个大姐,因为和丈夫离婚了,生活得并不如意。她脾气总是不好,除了她儿子外,所有接触她的人都会被她刺伤,做任何事情都埋怨别人做得不好,只有自己最委屈,这个姐姐大多时候脸色都是晦暗的,听医生检查后说是肝脏不太好。

我想这或许就是她对人态度恶劣造成的,对他人态度恶劣,自身有时也会存留一部分坏情绪,而这些坏情绪又会进一步伤害她的身体。

倘若这个大姐有我在火车上遇到的那一位女子一半的善解人意,温柔似水,事事为他人考虑,她的丈夫都不会离开她。也许她的丈夫正是因为无法长期接受她的坏脾气和怨气,所以才离开她的吧。

而那位火车上的女子一看就生活幸福,而这也是她事事为他人考虑,事事能够站在别人的角度去理解事物,并能够温柔以待任何人和事所应得的结果。试想,哪有人会不喜欢这样的女子。

你待世界以温柔,世界将还你以真情。因此,善良待人,真的很有必要。

生活虽苦，但是可以过得很甜

"我们现在的经济条件不好，你就别穷讲究了吧！"路上偶然听到一个中年男子大声地对身边的女人说出这样的话。

我抬头扫了一眼那两个人，他们仿佛来自两个不同的世界，虽然衣服都很一般，但女人穿着整洁干净，想来一定是打扮了很久才出门，而男人虽然穿着也很干净，但却总给人一种不修边幅的感觉。

我想起很多闺蜜都向我抱怨她们的男朋友过得太邋遢，理由几乎如出一辙：正在奋斗中，享受请稍后。

生活有时候真的跟经济条件没太大的关系，而在于你是否愿意用心去生活。

今天想讲的是阿珍的故事。阿珍是个商场售货员，月薪加提成平均工资在 3000 元多一点。

阿珍生活在北京周边的燕郊。阿珍有两个孩子，都是女孩儿，大女儿初中快毕业了，小女儿也已经上小学了。阿珍每次和我们谈到女儿的时候，都是一脸幸福，她朋友圈也总是幸福地晒着她和女儿们的照片。

如果不知道的人，肯定会以为她生活得美满幸福，可是只有我们几个平时和她走得近的人略微了解一点，阿珍的生活其实很难。以现在的消费水平来说，养一个孩子就已经很难了，何况在北京边上养了两个孩子。先不说学费的花销，就是孩子的穿衣吃饭就开销很大。

先来说说阿珍的家庭吧，阿珍是安徽人，丈夫是河北人。阿珍的父母和弟弟生活都还不错，在结婚前，阿珍的家人其实是不同意这桩婚姻的。他们说因为不了解男方的家庭情况，怕阿珍嫁过去会受委屈，可是阿珍铁了心地嫁给了现在的丈夫阿昌。

阿昌是个司机，刚开始工作的时候是胡乱打工，后来固定给一个老板开车，月薪差不多4000元吧，其实放在小城市，以这个家庭的收入情况，养两个孩子还是可以的。但是阿昌还有一个身体不太好的父亲和一个爱打麻将的母亲。结婚十几年，阿昌都未能在生活的地方或者老家置一间房，阿珍只好带着孩子随着阿昌到处搬家，给孩子到处换学校，到处求学校收留孩子。

我问阿珍，为什么不回她父母那里，他们生活得好一些，会照顾你的。而且家里资源多，想做点什么事情也相对容易，不必这么辛苦。我问这些话的时候，阿珍正在掰着手指算这个月能否剩下点钱，买件她喜欢很久的衣服。两个人的工资加起来大约有7000多元，可是家里人口多，至少要租个二室一厅的房子，除去房租3000元外，丈夫扣除自己抽烟、喝酒、钓鱼后，能给她2000元的家庭用度。阿珍要用手中这2000元左右的钱对付着一家4口人的吃喝拉撒，偶尔孩子也要花些零钱，买件衣服什么的。

那时候我总是绞尽脑汁地想着阿珍这些钱如何配置，但每次都算不出个所以然。

后来阿珍为了加班多挣点钱，就把婆婆接过来接送孩子上下学。阿珍加班是希望多拿一点提成，可是婆婆来了以后，好几次都因为打麻将而耽误了接孩子放学，阿珍每次都匆匆忙忙地找人替班，然后骑着自行车去接小女儿。

婆婆每次还阴阳怪气地说："你1个月为了挣那点破钱，把我这把老骨头从老家叫来给你带孩子，你不是个合格的妻子，也不是个合格的母亲。"阿珍哭着和我们叙述她婆婆的"长篇大论"。

我们全都沉默，有道是清官难断家务事，别人的家庭矛盾我们还是少掺和比较好。

"那你为什么不把家里的经济状况讲给你婆婆听呢？"阿珍红着眼睛说想给阿昌留点面子，因为阿昌一直以来对待家里都很阔绰，他家里人都以为他挣很多钱，但只有阿珍知道，阿昌每个月能给家里的生活费不过2000元。

但是婆婆不以为然，来了以后还经常向阿珍要钱打麻将，而且把阿珍给她的买菜钱都拿去搓了麻将。阿珍有心想说一下，可每次都被婆婆强势地怼了回来，说是阿珍没有本事，要不是阿珍去上个什么售货员的班，她现在正在老家农村潇洒地搓着麻将呢。来这里帮忙带孩子后，已经耽误了自己的麻将场次和时长。阿珍若是再说，婆婆便跑到阿昌面前一把鼻涕一把泪地诉说儿媳是如何说自己的，自己的命是如何如何地苦等。

最后就是夫妻冷战，阿昌说阿珍不孝顺老人等。当年的爱情，如今在生活面前早已支离破碎。阿珍不敢跟自己家里人说，因为很早以前家里人就发现她丈夫家不能给阿珍幸福。尤其是她弟弟，着实看不得姐姐受委屈，要不是阿珍拦着，估计早就会找阿昌算账了。

阿珍这些年没有任何首饰，结婚时买的金项链早在艰难的生活中卖了。去年，弟媳妇给阿珍买了条金项链，阿珍才又有了件像样的首饰。

有时候我们几个在一起说家长里短时，阿珍会突然插进来一句话："你们家那么小的电饭锅还会剩饭呀？我们家从来不剩的！我们家人多，每次都煮一大锅米饭，一袋米也是一周内见底。每次我提着米上楼都累得要死。"

简单的几句话，显示了阿珍真实的生活状态，我不知道该怎么安慰她，毕竟这一切都是她自己的选择。

孩子一天天在长大，就算不考虑大人，但是孩子总需要安置吧。而阿昌除了上班时间外，大多数时间都在钓鱼。他们家最高兴的事情莫过于阿昌钓完鱼回家，再买上几个菜，给一家人做上一顿丰盛的餐食，那一天孩子们都会很高兴。

"你以后打算怎么办，总不能一辈子这样将就吧。"莹子忧心忡忡地看着阿珍。

"还能怎么办？我是不可能离开孩子的。如果离了婚，我自己也养不活两个孩子呀！我都想好了，等大宝考进大学后，我就离婚，带着小宝回娘家生活。等小宝也上大学后，我就真的解放了。但是现在我会尽可能地让她们生活得好一些，不让她们有自卑感。"阿珍悠悠地说道。

我们一圈朋友都一阵沉默，不知道如果是自己处在阿珍的位置上会怎么做，是否又会做得好一点。

后来，我经常在朋友圈里面看到阿珍和孩子们在一起的各种美照，有在家里的，她们家总是收拾得一尘不染；有在小区柳树下的，都是大宝和小宝快乐的照片。

在母亲节那天，小宝在学校的手工课上给妈妈做了一朵花，而大宝则是把自己的零花钱省下来给妈妈买了条丝巾。

阿珍只要有时间，便带着大宝和小宝去附近的湿地、公园、河边玩耍，自己做好吃的，带上水和水果，便是一顿野餐，最远都不超过 50 公里，都是当天往返回到家。唯一坐火车去远方的，那便是回阿珍的娘家，大宝和小宝在舅舅的带领下去了好多地方玩耍。

我觉得阿珍在自己能力的范围内已经做到最好。家里孩子们的床单永远是干干净净的，孩子们的衣服也都是干干净净的。也许阿珍是怕别人欺负了自己的孩子，所以她在自己能做的范围内，尽最大的努力让孩子们过得舒服一些。

而大宝和小宝的懂事也让阿珍疲累的心得到极大的安慰，每次看到母女三人灿烂的照片，我都羡慕不已。生活虽苦，但是阿珍却努力地过甜了。

如果过得不好，八成是自己的原因

挑剔的人，眼睛总会盯着别人，从来也不看看自己，所以歇斯底里，所以怒火中烧，所以大声指责。

人，总能为不美好找到理由，仿佛这样自己就解脱了，一切的罪责就都归于别人了，而自己则一身轻松。

这是一种逃避，但很遗憾，这也是大多数人的反应。

认识肖大姐已经好多年了，肖大姐年轻的时候长得很美，照片上的她风情满满，不化妆也如出水芙蓉，眼神顾盼生辉。如今的肖大姐脸庞依稀可见过去的容颜，但是发福的身材却看不出那曾经窈窕的美人了。

肖大姐不工作，只是在家里带着上小学的儿子。家里的经济曾一度陷入窘境，肖大姐也尝试过出去找工作，但最终没能坚持下来，于是也就不了了之了。

肖大姐的丈夫练哥是个温州商人，而且是最早的那批温州商人，据说曾经很厉害，尤其是刚认识肖大姐的时候。那时候的练哥可谓风光无限，有钱有势，但是那么多钱，当初愣是没想起来买房子。后来结婚想买房子，肖大姐坚决不住普通的房子，要买就要买别墅，要不然就不买房子。可是当时的钱都投入在生意里面，因此也只能一等再等。最后等到儿子要上学必须有房子落户口的时候，肖大姐才慌了。

那时候的练哥生意连年亏损，加上房价飞涨，练哥早已买不起房子。最终他们在北京周边按揭买了房子，已然离开了北京地界。对于肖大姐来说，自然是不甘心的，但是很无奈，优先解决儿子的上学问题最为重要。

肖大姐和儿子搬离了北京回龙观朋友家的房子，去了河北一个离北京近的开发区，在那个开发区，他们买的是最便宜的房子，质量也是最一般的。

刚住过去的时候，肖大姐一点儿都不习惯。在她们那个小区，开发商为了出房率高，小区里面绿化少得可怜，而且住进去的人群大多数都吵吵闹闹的。而她丈夫的生意还在北京，离家坐公交车要4个小时。于是练哥在库房里放了一个行军床，每天睡在库房里面，吃饭就自己随便煮点面，或者炒个南方的细米粉吃，每周末才回家一次。

肖大姐和我说的最多的，就是现在世道如何不好，生意如何不好做，原来给练哥开车的人现在都是千万富翁，而唯有练哥的生意一亏再亏。现在的人也没有以前那么实在了，说好的事情不履行是常事。

按理说，练哥和肖大姐不至于陷入这样的窘境，毕竟练哥以前的朋友全都飞黄腾达了，随便谁给一些单子，就够他们一家子吃喝不愁的！无奈肖大姐喜欢的人很少，讨厌的人很多，久而久之，练哥也就很少与朋友来往了，没有了人情来往，生意自然无人照拂。我不知道肖大姐的能力，但是据说她从来没有工作过，所以生意全靠练哥一个人在苦苦支撑！因为肖大姐在生意上帮不上丈夫，于是就在家里专职带孩子。

我其实并不太了解肖大姐，但是从我认识她开始，至少给我的感觉是她从未帮丈夫面对过困难，也没有真正地关心过丈夫，或许我看到的只是表面，对她有所误会。

一个家庭从曾经的辉煌，到如今陷入种种窘境，我想很多事情除了外部环境不理想外，或多或少与他们自身也有一定的关系吧。肖大姐与练哥的家人关系并不好，也不与那边的人有任何接触，公婆更不可能帮忙带孩子了，肖大姐最后只能找娘家的姐姐一起来看顾。

肖大姐告诉我，他夫家兄弟五个，还有两个姐妹，各自发展都很不错，生意做得也极好。其实以练哥和家族里面的关系以及人脉来说，练哥生意有起色是很容易的事情。但是肖大姐不让练哥和家族里的人做生意，因为她认为他们家族里的人都是"坏人"，做生意不厚道。

做生意厚不厚道我不知道，但是肖大姐和夫家人相处得不好，确实不能单说是别人的问题。至少和肖大姐的相处中，她从未曾主动与练哥的家人和好过。

让我印象深刻的有两件事，一件是我那时候经常去肖大姐家玩，有好几次遇到练哥回来的时间不是饭点，自然也都没有吃饭。这时候肖大姐一般是给练哥煮一份鸡蛋面，或者炒个细米粉。我再未见过肖大姐为练哥做过什么费事一点儿的饭菜。有几次我看着练哥一脸疲惫，神情落寞地吃着饭食，心中有种说不出的感觉。应该是浓浓的怜悯，觉得这个男人很可怜，具体可怜在哪里却说不清楚。按理说练哥深爱着肖大姐和孩子，应该充满幸福才对，但是我在他的脸上看到的却是落寞的神情。

还有一件事，就是肖大姐的孩子。肖大姐自己专门在家带孩子，孩子叫佳佳。平日里佳佳见到我们都很有礼貌，虽然有时候也会贪玩、倔强等，但我一直觉得这些都是小孩子的脾气。直到有一次，肖大姐有特别的事情，不得不出门1个月。而在这1个月里面，平日里找了另一位熟人给孩子做饭，而周末则需要我陪着佳佳学习、玩耍。我本以为这是一件小事，我们要么各自看书，要么出去转转，然后给孩子做点好吃的就可以了。

然而我想错了，因为平时肖大姐在家时，并不经常带佳佳出去玩（肖大姐自己不喜欢的东西，也不会让佳佳去接触）。然而这种长期的压抑，令佳佳在妈妈不在的时候报复性地不听话、报复性地玩耍，并去以前不能去的地方。一夜之间，我发现一个懂事的孩子变成了无理取闹、丝毫不考虑大人处境的孩子。我忍着脾气，耐着性子陪着佳佳到处去玩。

然而越是与佳佳接触，我越是能感觉到肖大姐这些年的教育是失败的。因为她用所有心思培养了一个除了会无理取闹外，丁点自立能力都没有的孩子。这是一个没有责任心，没有爱心，特别自私的孩子。说到这里，我不是说佳佳哪里不好，而是肖大姐始终都没有在自立和人格上教导过孩子。

后来我搬走了，也远离了肖大姐的住所，因此也就渐渐没有来往了。很多时候想起肖大姐，我都忍不住多想一下，如果肖大姐当初能够与练哥一起奋斗，如果肖大姐喜欢的人多一些，练哥和家里兄弟姐妹的关系好一些，他们的生活是否会好过得多？如果肖大姐真的爱佳佳，那么她为什么不好好培养佳佳待人接物，以及独立自主的能力？这一切我都不知道原因，但是我知道的是，这一切的根源是肖大姐根深蒂固的思想观点，而非其他。

这个世界不可能所有人做事都能够让我们顺心顺意，因而我们要学会接受,更要学会去包容,也要学会去融入,而不是孤僻地排斥掉所有人,最后再把自己变为孤岛的同时,也把整个家都变成精神上的孤岛。

如果发现不美好,先从自身找找原因,这样至少不会太气愤。

世界会加倍补偿受苦的你

你受的苦将会照亮你的路，但吃苦，说起来容易，做起来难。当看到别人的退缩，我也可以理直气壮地说别人，但轮到我自己的时候，我也是有情绪的。

记得那是一年的冬天，屋外寒风刺骨，即使屋里有暖气，我也不想起床，这是个睡觉的好季节。我心中暗自庆幸，自己还有几天调休，只休息一天，明天就去上班。这样的借口连着找了几天，可还是不想起床。到第四天的时候，调休已经没有了，于是只好请假……

这件事发生在我找的第一份工作上，因此我记忆犹新。也正是这件事情教育了我，从此我再也不敢说自己是个吃苦耐劳的人。

我堂姐是我见过最能坚持的人。堂姐从师范学校毕业的那一年，正好赶上不分配工作，当时这消息简直有点像天塌下来一样。

我们都生活在农村，小时候家里条件很差，但是我们几个孩子里面堂姐学习最好。堂姐也立志一定要走出农村，一辈子不再像父母那样面朝黄土背朝天地劳作，同时又属于最贫穷的一群人。

我小时候记忆最深的就是经常我找堂姐玩时，堂姐每次都在看书、背书、写作业。她学习从来不要大人催促，而我却总是很顽劣，不愿意学习，非要老妈拿大棒教育才行。

我堂姐的同班同学在第一年考上了师范学校，毕业就分配到了编制内的工作。我堂姐因为差了2分，复读了1年也考入了师范学校。但是命不由人，她同学得到了最后一批入编的资格，而我堂姐毕业后却失业了。那时候我还小，但却总能看到我堂姐失落地站在她小屋的窗前。

后来经过东奔西走，再加上学校也会对应地解决一些毕业生的问题，我堂姐被分配到了一所小学当实习临时工。我记得那时候实习生的工资是150元1个月，正式编制的老师却2000多元1个月。而这150元对一个女孩子来说，只够每月买洗发水、卫生纸、香皂什么的。

我本以为堂姐干不了两个月就会想别的办法去找工作，或者是去外地打工。因为那时候我们老家很多人在工厂上班，一个月也能挣1000多元钱。但是，堂姐就是不愿进工厂，她觉得自己学这么多知识浪费了，于是就这么拖着，干了3年的实习临时工。3年里面工资好像也有些变化，不过是从150元到300元而已。

那时候我伯伯家条件不好，为了让我堂姐读书，已经耗尽了所有。我堂哥后来连高中都没念完。家里人，包括亲戚朋友都去说我堂姐，父母好不容易将她养这么大，供她读书，现在堂姐1个月拿这么点钱，连自己的零花钱有时候都需要从我伯伯那里拿一点，哪有能力去补贴家里人，不如干脆找别的工作算了。

我想那时候如果换作是我，早就坚持不了了，已经想办法去

第二辑 人生有的是挫折，习惯了就好

另谋其他生路了，可堂姐却咬着牙坚持了下来。

后来功夫不负有心人，堂姐是专业院校毕业，而且书教得好，人缘也好，在一位老教师退休后，堂姐终于顺利地入了编。有了编制以后，堂姐苦尽甘来，收入提高了，在老家也算是铁饭碗了。堂姐工作更努力了，除了课堂教学外，下课后她还花很多时间在学生身上，给他们补课什么的。

那时候，每年堂姐的学生在比赛中都能拿到好的名次。因为基本上都在前三名以内，所以学校将重要的教学任务早早地分给了她。在这个过程中，堂姐不知道流了多少眼泪，流了多少汗水。但是我知道的一点是，四面承受着压力，除了无数的委屈和别人的指指点点外，所有的一切都没有让堂姐放弃！堂姐坚定地坚持着自己的理想和原则。事实上，最后命运并没有辜负她，如今的堂姐工作顺利，一切都很美满。

说完了堂姐的学习和工作，我们再来聊一聊堂姐的爱情和生活吧！

堂姐性格温柔，从小学习就好，工作也很努力。小时候很多男生好像都喜欢学习好的女生，堂姐班上的男生自然也不例外，对她有好感的同学很多。但是堂姐的理想是走出农村，未来能让我伯伯伯母过上好日子。所以上学的时候别人在谈恋爱，别的女生在研究化妆、买新衣服，而堂姐却在读书。毕业以后，别的女孩在打扮、相亲，堂姐在备课、在读书，在研究怎样才能让学生学习兴趣浓厚，怎样才能让顽劣的孩子爱上学习。

好不容易转正入编了吧，堂姐也30岁了。在这个不上不下的年纪，找对象真不好找，亲戚朋友都着急了，也真没少介绍，有公务员，有家里拆迁了很多房的，有很多钱的，但是堂姐始终没相中的，也试着相处过，但最后都觉得不合适。

在所有人都着急的时候，堂姐仍然不慌不忙，一边没耽误相亲，一边自考技能和提升学历，就这样堂姐又耽误了2年。就在我伯伯伯母以为这个闺女真的嫁不出去的时候，堂姐竟然跟我们说她恋爱了。在家人都抓耳挠腮地想知道这未来女婿是何方神圣的时候，堂姐那儿却卡住了。因为堂姐说，她需要多了解对方，才能考虑是不是要带着对方见父母。

就这样，家人满怀希望地等待着，而这一等又是一年多。中间憋不住问堂姐吧，堂姐总是说，你们急什么，我都不着急，未来一起过一辈子的人，我总要好好了解吧。一句话堵得大家都没话说了。

就在堂姐恋爱快2年的时候，我们终于见到了这位未来姐夫。这位姐夫也没有什么三头六臂，更没感觉到有多大本事，但是和堂姐感情很好，两人情投意合。

据堂姐说，他们是同行，对方也是位老师，但是他们不在一个学校教书。他们是一起进修时认识的，对方也是一把年纪因为太挑剔，对女方要求太高，所以才一直没结婚，而且他还比堂姐大2岁。

好吧，天造地设的一对！我心里说。

后来堂姐嫁过去才知道，这位姐夫的父亲，也就是我堂姐的公公，竟然是我们市的一位领导退休，人家婆婆也是机关单位退休的……

好吧，堂姐意外地嫁入了"豪门"，虽然不是电影小说里面特有钱的豪门，但是在我们本市，和堂姐家的家境比起来，也算是真正的豪门了。最为关键的是，这位公公极其喜爱堂姐，因为他说堂姐是苦出来的，能走到这一步，有他儿子所没有的毅力和坚持，所以这对公婆极其宠爱儿媳。在儿媳面前，儿子的地位下降了很多。

堂姐现在又有了孩子，都快被公婆他们一家人宠上天了。堂姐也算是真正地实现了她小时候的理想，此生不用种地，又可富足地过完余生，过着工作顺意、夫妻和睦的日子。

我不知道我堂姐的故事给读者什么感受，但是说句心里话，我一直很佩服堂姐的耐心和坚韧，这不是她这个年纪的人可以做到的忍耐。试想我如今也许可以这样忍耐，但是在那个年纪是绝对不可能的。

所以运气是给有准备的人而准备的，你所受的每一次苦，上天都是知道的，最后终会加倍地补偿你。

最糟的是一边抱怨一边懒惰

从小，老一辈人就教育我要勤快，我记住了，带着这种品行游走在大城市里，虽然暂时没有得到任何意外的奖励，但是好在活得踏实。

2017年10月上映了一个讲述扶贫的电影《十八洞村》，影片中除了风景美、人儿美外，更重要的是反应了人性的一系列问题。

老兵杨英俊退伍后回到家乡，勤勤恳恳地务农，不仅种自家的地，连别人不种的地他都种。可即使是这样，他还是种成了村里精准扶贫的贫困户。对于一个军人来说，杨英俊是接受不了国家来帮扶他过日子的事情的，所以他觉得面子上过不去，更加为摆脱贫困户而焦虑。

杨英俊有个弟弟，好吃懒做，整天无所事事，只会找些讨巧的活儿干。因为贫穷，他娶不上媳妇，但是却以贫困户为荣，因为贫困户可以享受到国家更多的补助。他以此为理由不去工作，对于被评为贫困户一事不以为耻，反以为荣。

在我们的现实生活中，有很多人甘愿做贫困户，等待国家的救济而不愿自己去努力，但是国家的救助只是暂时的，并不能解决根本上的贫困问题，摆脱贫困只能靠自己。尽管如此，还是有大把的人希望自己是贫困户。这些人只能说不仅是身体懒惰,连内心也是懒惰的。如今当贫困户已经变成了另一种不劳而获的手段,可要知道,国家的补贴终究是治标不治本的。

电影主角杨英俊与其他人不同,他是退伍军人,性格执拗,不认输,要面子。他们全家为了医治孙女的病而返贫,当被识别为贫困户时,他不愿当贫困户,他觉得是自己拖了国家的后腿,所以他更加勤奋地工作,想摘掉贫困户的帽子。最后在他的带领下,杨家的兄弟们齐心努力,去填埋废弃的矿井,使他们有了更多的土地,实现了脱贫。

其实这个故事既简单又深刻,简单的是生活中到处都是类似的平凡故事,深刻的是杨英俊这个小人物在平凡中坚持着自己军人的风格,不为国家拖后腿,他的勤奋努力改变了整个杨家的生活水平以及对待生活的精神风貌。

在我们的生活中,到处都有勤奋努力的人。我有个朋友是从东北农村来北京工作的,他就特别努力,在我认识他的几年里,他不加班的时间屈指可数。努力工作的人自然回报会好一点,至少和他家乡的一些人比起来,他的收入还是很不错的。

一次和他一起吃饭时,他一直不说话,一个人喝着闷酒。我问他怎么了?他反过来问我:"是不是我们长大了以后,以前的朋友就不再是朋友了。"我听得一愣,想了想貌似还真有可能,毕竟大家生活在不同的圈子,对事物的认知和理解可能都不太一样了。

他说,这么问是因为发生了一件事情。他们中学同学群里要张罗同学聚会,号召大家都要参加。他也很高兴,就说希望大家把收藏的照片都发到群里,他来制作一个H5的动感画面回忆录,这样大家好保存。就这样一句好心的话，惹来的却是各种各样的是非。

有人说他变得有本事了，和以前的朋友玩不到一块儿了；有人说他工资拿得高，看不起原来的发小了，等等，一系列事情不一而足。他最初的心愿只是想让这场同学聚会更有意义一些，何况制作一个回忆录和他看不起同学有什么关系，平时找人制作一个还要花不少的钱，现在他愿意抽出时间加班加点地做怎么就错了呢？

他闷闷地和我说："谁拿工资容易了，我每天加班加点到半夜的时候他们在干吗？他们下班后在搓麻将、在家看电视。我周六周末加班的时候他们在干什么？他们在钓鱼、在郊游！这时候说这么酸的话有意思吗？他们在朋友圈发钓鱼、搓麻将的照片时，可有想到过我在加班吗？"

我不知道该怎么安慰他，其实身边很多人都是这样的，自己每天过着悠闲的生活，别人比他们更努力一些，得到了更多的东西，他们总是各种不舒服，一定要在嘴上占占便宜、过过瘾才好！

最后这个朋友还是兢兢业业地把回忆录做好，发到了群里面。但是他没有参加同学聚会，因为他只想把一切都留在回忆里。他觉得现在他们已经不是当初的那些朋友了，如果再见面，怕从此真的不再是朋友，他还想保留着曾经的美好记忆。

勤奋的人，因为自己的努力而获得了更好的机会和收入，却遭到没有努力的人的嫉妒，所以彼此终归是不能成为一类人的。

想必很多人都或多或少知道一本书——《哈佛凌晨四点半》，内容简介是：凌晨4点多的学生餐厅很难听到说话的声音，每个学生端着比萨、可乐坐下后，往往边吃边看书，或是边吃边做笔记。很少见到哪个学生光吃不读，也很少见到哪个学生边吃边闲聊。在哈佛，餐厅不过是一个可以吃东西的图书馆，是哈佛除了正宗的100个图书馆之外的另类图书馆。哈佛的医院同样宁静，同样不管有多少人在候诊，却无一人说话，他们无一人不在阅读或记录。医院仍是图书馆的延伸。

相信这段话令很多人都会有不一样的想法，但是我们去想象一下，这些能够考入哈佛的人，在常人眼里无一不是天之骄子，但是当我们看到这些天之骄子还如此勤奋的时候，是不是或多或少会对自己自身还不够努力而感到汗颜呢？

我在上海生活的时候，还真认识了一个哈佛毕业的朋友。那时候并没有关心过人家到底有多勤奋，只是知道很牛，做的事情也很牛。从聊天的字里行间就能感受得到，这个朋友有着超越常人的自控力。据说他每天风雨无阻地凌晨5:30起床锻炼，然后是趁着早餐一段时间来阅读报纸和信息，知晓刚发生的世界各地的大事。上班路途中思考当天要处理的事情，以及安排会议等问题。

他有多勤奋我不知道，但是我知道他的每1秒都是计算好的。就算是朋友间的简单聚餐，他也严格遵守时间，不会迟到。到了他自己预定的时间就会离开，因为他还有另外的安排。

如今想来，这就是一个勤奋且有条理的人对工作和生活的规划，而我们大部分人一边抱怨着生活的艰难和命运的不公，却一边又难以自控地懒惰。你是否想过，从今天开始，从现在开始丢掉自己的懒惰，开始学习，努力认真地工作和生活，一样也不偷懒。而不是窝在沙发上打游戏，还美其名曰我在用打游戏来减压；也不是别人都在努力的时候，自己一边抱怨着，一边却躺在床上看电影。

上天不会亏待勤奋的人，所以当自己真的不够好的时候，你是否想过自己还不够勤奋。

第三辑　没有绝境，只有屈从

说得再多再好，绝境依然让人难受，依然让人犹豫，依然让人战战兢兢地止步不前，这是人性，也很正常。如果有选择的机会，没有人会选择这种遭遇。

我也曾绝望过，暗无天日到浑身发抖，并不是刻意颓废，然而脑袋却几乎记不住任何东西，有一次领导安排工作，我不知所以地问了好多遍，最后才勉强记住……

有人劝我说，心中没有绝望，会好点，我试了试，是真的。

谁的生活没点挫折

曾经因为工作不顺利而颓废，但日子还是要过的，班还是要上的，于是就坚持着，坚持着……其实不坚持又能怎样，没有了工作，就等于没有了收入，生活反而会更加糟糕。

一切能省的时间都省了，都说女孩下楼倒个垃圾都要化妆，但那段时间所有的程序都已减免，简单地洗洗脸，然后就去上班了。

一个朋友来我家中做客，看到我和我的家后，帮我收拾了一个下午。期间，她从来没有刻意地劝说，临走的时候只是笑着说道：

"你落魄的样子，实在太难看了。"

有人说很多年之后，等你回过头来再看时，你会看到自己的幼稚。这话我很认同，因为挫折能够让人成长。

人的一生中，总会有那么一段陷入无边灰暗中的黑色时期，无人理解，无人帮助，落魄而又落寞，孤独而又煎熬，成为生命里不可承受之痛。

上大学时的我，是个老师和同学眼中的活跃分子，学习成绩名列前茅，学术研究能力有目共睹，也因为擅写诗词文章的小才华而备受老师的器重，不要脸皮地说，就是全专业最树大招风的那个学生。学校也是所全国排名靠前的985高校,当然,这没有任何值得炫耀的成分。

想想那时的自己,真是风光无限哪,日子过得优哉游哉,老师捧着,同学们羡慕,诗人气质叠加狂人气场,拽乎拽乎得走路都漏风,实际就是个不知天高地厚、智商为正情商为负的傻瓜。过惯了自带光环的舒服日子,浑然不知挫折为何物。

大四时,我放弃了保送本校研究生的资格,发出豪言要考最顶尖学府的研究生。至于是哪所,答案你懂的,无非也就那两所之一。当然,此话一出,赞声一片,只有老师投来不舍的目光。

别的同学从大三甚至大二就开始准备考研,自负让我从大四上学期才决定发奋。不到半年时间的看书、做题,中间还被一些细小琐事分心,比如写毕业论文。最终3月的全国研究生统一考试结果,我达到了目标学校的复试线,而且分数还较高,是整个专业的前三名。

分数证明实力,说不上长脸,但好歹没丢人。那时心情就开始有点喜不自禁,以为心仪的学府就在眼前,复试前每天做的白日梦都梦到在心目中的校园里张牙舞爪了。但事实证明,白日梦这种东西,就是给人下了针麻醉剂而已。命运就是喜欢跟人开玩笑,本以为唾手可得、板上钉钉的东西,最后却擦肩而过。

复试,我被刷了下来。

真的被刷了下来!

自以为表现还可以,自以为一定会被录取的!

当得知复试结果的那一刻,如同五雷轰顶,天旋地转之间,我整个人都懵掉了,呆呆地坐在电脑前,回不过神来。

我不知道那一天是怎么度过的,脑子完全无法反应,行尸走肉一般地吃饭、浏览网页，和室友也不曾说过一句话。夜间，将头蒙在被子里面，眼泪却无声地顺着脸颊滑落。

时间像凝固了一般，夜深人静，我却丝毫没有睡意，眼睁得圆圆的，直到天亮。

我不是个能熬通宵的人，有生以来少有的两三次通宵，都是被亲戚拉着在网吧里打游戏。而那晚，是我人生中第一次真正意义上的失眠。

失眠二字，对曾经的我来说，简直是不可想象的，我原来从未将它与我挂上钩。

可是，我却真真正正地失眠了，来得如此猝不及防。

无法改变的结果，让我生出无限的悲凉。在老师的叹息、同学们的惊愕声中，不免夹杂着一丝冷嘲热讽，一丝幸灾乐祸，一丝轻蔑不屑，就好像有人时不时地在我背后指指点点："你瞧那个谁，平日里仗着老师喜欢，耀武扬威的，但再不可一世还不是连个研究生都考不上，还想上×大呢，简直是癞蛤蟆想吃天鹅肉！"

或许是因为平日里张扬不羁的个性，导致明里暗里有不少不喜欢我的人，而天真愚钝的我却从来没有察觉，也未曾在意。没考上研究生这一结果，不单单让我真切地感受到了亲戚、同学和所谓的朋友对我态度的变化，也成了我人生的转折点。

身边那些吹捧的人消失了，取而代之的是落寞与冷淡，没有人关心和在意我是死是活，没有几个人带来安慰与鼓励，萍聚萍散，大家都忙着各奔东西而已。大学毕业前那段日子所感受到的人情冷暖，当真惊醒了一直在梦中的我。

如同被世界所遗弃了，考研没有考上，工作没有着落，马上又要毕业答辩，我的心里一团乱麻。还能怎么办？忍受着风言风语，一直觉得读研会是顺理成章的我，自信到临近走出校门却连个工作都没找，之前也没有什么实习的经验。

只有少数那么几个人依旧把我当朋友，没有避而远之，没有对我爱搭不理，为我受伤的心灵带来一丝慰藉与感动。晚风习习中，我和好友在学校操场上转了一圈又一圈……最后分开时，她拍拍我的肩膀说："谁的生活没点挫折呢？"然后，她给我讲了她自己的故事。听完之后，我沉默了许久，直到抬起头，迎着她期待的目光，告诉她我会振作起来。

虽然内心隐隐作痛，但我还是打起精神，修改毕业论文，并顺利通过论文答辩。答辩完那天，我走出教室，怔怔的，泪如雨下。早早坐在前排观看我整个答辩过程的好友，拉着我一起去大吃了一顿。

青春即将消逝，梦想暂时搁浅，是挫折让大学毕业之际的我忧伤如雪。此时正值 6 月末，再度回想起往事，大有恍若隔世之感，好友的那句话却依旧清晰地回响在耳畔：

谁的生活没点挫折呢？

我定了定心神，相信所有的坎坷最终都将变成财富。前行之路不必遗憾，大不了踏入社会工作就是。若是糟糕，叫作经历；若是美好，叫作精彩。

生命没到尽头，就不要喊苦

有人说，人生就是来解决问题的，总会有各种各样的难题等着你，当你的人生没有任何问题时，也就到了生命的尽头。

闲来无事的我总是在想，生命的安排也是很有趣的：

20岁，懵懂，你可以做你任何想做的事情，吃穿不愁，唯一的苦或许就是爱情带来的吧。之后的你开始不断遭遇困难，大的小的，生命让你逐渐适应这种环境。

30岁，理性，当你抛开幼稚，也抛开了固执之后，你懂得了变通，不再像20岁的时候那样去坚持什么，你有你的家庭责任，你忙碌而忽视了自己的情绪，所有问题都显得不是那么可怕。

40岁，稳定，你所有的一切大部分都已经定性，你明白该来的最终一定会来，你不再强求什么，你遭受的伤害越来越少，生活也越来越无聊。

50岁，人生的大部分都已成定局，你懂得了生命给了什么，你就享受什么，如果不是一些意外，你再不会受到任何伤害。

……

人生越苦，证明你在不停地追求，不停地上进。如果你的生命中再也没有困苦，那么很遗憾，那时的你懂得了随遇而安和随波逐流。

考研受挫之后，我在大学毕业之际经人介绍，到了一家建筑类国企上班，从事党建宣传工作，跌跌撞撞地踏上了职场之路。

刚开始参加工作时，我还是充满一番憧憬的，自认为文笔尚可，做党建宣传工作对自己来说完全是小儿科，写写文章那还不是手到擒来。起初，领导对我这个所谓的高才生还算重视，说话也客客气气，叮嘱我干好本职工作，争取出色表现云云。

不过由于我天生情商是短板，经常处于"欠费停机"状态，所以工作并不如预想的那样顺利。平日里我从不以恶意揣测于人，但职场远比想象的要复杂许多，心智的启蒙也由此开始。也许有人要问，你都二十出头的人了，怎么还那么天真？对此，我只能说，从小我就是个比较单纯的人，高兴了就笑，不高兴也不藏着掖着，只知道做人要善良、要真诚，却从不懂得在这个残酷的世界中要怎样去保护自己。

刚开始工作的时候，行政部负责物资保管与领用的小姑娘给我发放了一台很破的台式电脑办公，开机要花好几分钟，打开个网页经常卡，写篇文章速度超慢，心里急得想骂娘又不好开口。直到实在无法忍受手中的破电脑，才不得已找到小姑娘提出来。她看着我傻愣愣、一身寒酸土气的样子，沉默了一会儿才淡淡地说："那台电脑本就是库存中最破旧的，我给你换台好点的吧。"

听到此话，我身体一僵，原来你明知道但却故意把最破的电脑给我办公，但我努力地让自己保持冷静，好歹同意给我换了台，也算是好事。虽然新电脑比之前的好一点，但也好不了太多。

单位里关系户很多，人事关系也比较复杂，但我却不善于应付这些，时不时弄得自己很窘迫，同时也遭到了部门同事的白眼。领导对我也开始冷淡起来，不像以前还偶尔关心一下，毕竟最初也是被介绍进来的。

在国企工作的那段时间里，自己实际上也并没有摆脱考研失败的阴影，积郁之下心情长期低落，很多时候都是强颜欢笑。男友见我颓丧落魄的样子，不但没有什么安慰，反而也像其他人一样，用比较难听的话来刺激我、打击我，搞得我成了丧家之犬一般，随后还果断地和我提出了分手。后来从其他大学同学那里打听到，他很快便有了新欢，据说经济条件很不错。

好吧，失恋就失恋吧，我也只能被迫接受。亲人不理解，男朋友离开，我成了真正的孤军奋战。我靠着仅有的一点积蓄租了个房子，还屡次被面相刻薄的女房东刁难，她每次大声笑我天真的表情，直到现在我都清楚地记得，从不曾忘却。在她的眼里，一个本分、老实的租客，实在是一件很值得被嘲讽的事，这对当时还算年轻的我来说，不啻为又一次的心灵伤害。

一次，我写的一篇文章交给了部门负责人，他可能是没有时间看，于是就直接上交给了分管领导。好在分管领导细心地发现了文章中的疏漏，及时责令修改，不然要是一个不小心报到总部，有些不当的用词指不定会引来什么样的严重后果。从那时起，领导愈发对我冷淡。

刚进入职场不久的我，本就是个愣头青，而部门负责人在工作中指导的时间又比较少，不少时候都被本部门或其他部门如行政部的小姑娘叫着干一些杂事，别人不愿意干的我都干。但因为考研受挫，心情抑郁的我对于工作表现得并不是很得心应手，也疏于与人交流，再加上没钱穷困，整个人显得精瘦蜡黄，穿着朴素又寒酸，难免自禁不自禁地在那些条件好的同事和领导面前流露出自卑感。

单位没什么人可以交心，自己的孤僻、自卑和抑郁也让自己与整个环境存在着疏离感，难以真正地融入，渐渐地被大家所孤立，一个人形单影只地苦苦支撑着。

一个柔弱的女生挣着可怜的薪水，学业受阻，工作不顺，再加上失恋，处处都显得窝心，好像全世界都在与我为敌。每天下班回到家后，就把自己锁在出租屋里，一瓶又一瓶地喝酒，不知醉倒过多少次。第二天一早醒来，看着镜中双眼充血、潦倒不堪的自己，简直不成人形。反正也没人心疼，何必呢？

直到某个周末，我揣着身上仅有的100元钱，买了张火车票去到前男友工作的城市，想要见他，可打电话他不接，发短信不回，也找不到人，只能一个人漫无目的地在大街上流浪。直到穿越城中的河岸边并坐下来发了很久的呆后，才慢慢回过神来，回到了所在的城市。

那一夜，我人生中第二次失眠，过去的人和事不停地在脑海里闪现，怎么都没有睡意。第二天一早上班，眼睛又红又肿，虽然有同事问我怎么了，但我却只能以自己都不相信的答案回复，尴尬地笑笑。之后就没有人再来关心这个问题了。

眼看第二周就要发工资了，我毅然决然地没有向任何人借钱，而是就着口袋里仅剩的9块多钱，买了点便宜的面包，整整一周不吃早餐，中午在单位食堂解决，晚上就着面包吃。就这样，我扛到了发工资的那天。

惨吗？有一点。世界如此残酷，如果没有一个良好的心态去应对，注定会过得很糟糕。虽然连自己都快瞧不起自己了，但好在我还没有对自己彻底失望，好在我还好好地活着。

想明白自己的处境后，我选择了离职，收拾好行囊后，告别了这座城市，告别了不如意的工作和生活。一个人奔赴他乡，从此将伤痕深藏，后来的我，无论遇到再大的难关、再重的伤害，都学会直面、学会坦然。

人生本就有很多苦楚，过去的那些又算得了什么。唯有放下，才能真正地站起来。

在苦难的日子里不苦笑

无论天气怎样，你都要带上自己的阳光。

我曾经想象中的生活并不是这样的，而是很美好的存在，是跟着理想大步地前进，一脸的意气风发。好吧，我承认这不现实。

我的生活中很少有明媚的阳光，即使有，也是短暂地存在。可能是我自己的问题吧，始终找不到真正的开心。

很久没有出门了，为了找点开心，我带上一点吃的，独自远行。人越来越少，路越走越孤独，感觉很不好，于是决定回家。在回家的路上，看到夜市中地摊上摆放着一个个精致的小物品，看到有些姑娘们买到自己喜爱的小物品后的欢喜表情，心中还是开心不起来。

我想要成为理想的那种状态，却又不能忍受一些东西，是不是太贪心了？

离开熟悉的城市，从此远走，也许在不少人看来是一种逃避，但对当时的我而言，实在是减轻疼痛、重新开始的不二选择。

就像一句俗话所说："人走背运的时候，连喝口凉水都会塞牙。"现实好像的确是这样，自从考研失败那天开始，一系列不顺的事情就像蝴蝶效应一般扩散开来，工作了半年多，日子却从没有顺利的时候。

伤害、嘲讽、取笑、看轻、羞辱，都真实地发生在我的生活中，这在以前是很少有的。心灵一次次受到暴击，被伤到体无完肤，却只能独自在暗夜中舔舐伤口，没有人理解，也没有人同情。所以，我选择了离开，如果再在这样的境况中持续下去，我怕自己会真的丧失意志，甚至草率轻生。那种痛楚，或许只有得过抑郁症的人才能体会。

仅告诉了个别亲人和朋友后，我就独自南下昆明了。之所以选择去那里，是因为有个舅舅在那边做生意，可以有个照应。毕竟是亲舅舅，对自己的外甥女还是不错的。

安顿下来之后，我在昆明的南边找了家不大的私企，做起了行政工作，薪水同样不高，只勉强能维持温饱而已。新的城市，新的环境，除了自己的舅舅一家，对一切的人和事都是陌生的。不过，这对于一个从小就独立性强的女生来说也算不得什么。

因为公司比较小，人员不多，所以事情比较杂乱。老板是舅舅的一个朋友，素质不高，时不时地就会挖苦我，说我这样情商低的人，只能像陈景润那样关在屋子里搞研究，而不适合进入职场。从最初的愤怒到后来的隐忍，我渐渐咬着牙承受了下来。

同事中也有老大姐见我是新来的员工，经常对我呼来喝去，让我干这干那，如同一个小杂役，好像这样才能彰显出她的优越感。因为她知道我是名校毕业，如今却沦落到在这种末流小企业里任职，而她只是个中专生，中专生对名校生颐指气使，这样的场景，在她眼里应该会让她觉得很爽吧。不过，好在本质上她还是个善良的人，除了小心眼，小市民的市侩气息较重外，倒也不会做出什么害人之事来。

平日里，她偶尔也有对我示好的时候，脸上堆满笑地客气说道："万一你以后哪天发达了呢？"对此，我只能鼻子里闷哼一声，权当是她对我这个小姑娘的看重一样，嘴上谦逊几句。公司里明白事理的人自然都知道，他们眼中的这个小姑娘早晚是要离开这里的，不会在这里长久停留。

大学毕业已经1年了，我的生活依然没有起色，依然沉陷在人生的最低谷中。艰难地挣扎着想要爬出深坑，可是头顶下着瓢泼大雨，湿透了我的衣衫，也让我心里的抑郁始终不能治愈。甘心屈居于这样的环境中，是因为我还没有忘记想要去心中那所大学读研的目标。也许在他人看来显得矫情，显得不务实，容易被嘲笑，但那却是我的梦想，你可以嘲笑我，但不能嘲笑梦想！哪怕置身在狂风暴雨中，我依旧不会改变目标。

我固执地认为，可以没有朋友，可以不被理解，但却不可以没有梦想。

所以，下班之后的一个又一个晚上，周末、节假日，我都会在出租屋里看书，准备再次参加研究生考试。啃完了一本又一本书，做完了一本又一本习题集，生活在枯燥单调中不断地向前推进。对我来说，那样纯粹的时光，那样孤独的坚持，那样为目标而想要拼劲全力的执着，至今想来都会深有感触。

工作上，在那样的小企业里也难以发挥所长，而是度日居多，也确实干得不尽如人意。不过和同事之间的情感却逐步增进，大家时常会一起聚餐，一起谈笑，成为交情或深或浅的朋友。除了老板外，再也没有人会骂我情商低。

在昆明生活的那段日子里，我的足迹踏入过一些地方，也人生中第一次见识到了彩云之南的风物人情，也同样留下了不少难忘的回忆。我曾一个人出差去西部边境的腾冲，感受偏远小县城的山清水秀，每次我都会贴在大巴的玻璃上，聚精会神地看路上一掠而过的风景，看路边大片大片挂着青柁果的果树。云南境内多山，连绵不绝，而我穿梭在各地出差，感受最深的就是"崇山峻岭""山穷水复""千山万水"，现在的印象依旧如此。

有一次我从下面的市州出差回昆明，到达西站之前，大巴在城外被警察给拦截住了，说是接到线报，车上有毒贩，将整车人扣留了1个多小时，身份证反复搜查了三遍，直到搜出四名毒贩才放汽车出发。那天夜里回到住处已经凌晨两三点，是男同事一直等我回来为我开门，担心我的安全。

同事们在知道我考研的想法后，都纷纷表示支持。虽然工作干得很是马马虎虎，但也没人苛责于我。节假日，我也会抽空和几个同事去罗平看油菜花，去红河州泡温泉，去滇池看海鸥，去丽江古城游历，会一起做饭玩乐，日子过得倒也乏味中带点生趣。

即便属于我的天空仍在下着淅淅沥沥的雨，抑郁症仍然如影随形地困扰着我，但我对生活的热情却在一点点复苏，为读研目标而坚定前行的意念始终对我形成支撑，让我在最不得志、最不堪的时候，也始终不忘在黑夜中抬起头，看看天空中闪烁的星光，告诉自己，哪怕再苦再难也是值得的。

在苦难的日子里，试着给自己找点乐子，如果你还带着对生活的热情，那就不算太难。

有多投入，就有多幸运

你把精力用在哪里，哪里就会开花结果。

曾经，我笑着说说这句话的人太鸡汤了，为什么我总是投入，却从没有看见过任何结果，还不是最终停手，或失败，或失望？

难道别人的人生都"开了挂"，我的人生就是"非人民币玩家"？我愕然了，关键我也并不是"一毛不拔"啊，我也在不断地投入，甚至投入得更多。

很多年之后，我看到了结果，然而并没有太多的惊喜，我笑自己太功利了，和很多人一样，付出了的时候总感觉自己的日子太黑暗，得到的时候又认为那是理所当然的，理性地想一想，正是不断地付出，才有了后来的结果。

也有朋友经常羡慕我现在的生活，并一直强调如果可以重来，她一定在该吃苦的时候吃苦，该付出的时候付出。

我笑道："假如可以重来，你一定还是不想吃苦。"

在昆明的那段日子里，有过很多不快，有过欢声笑语，也有过发自肺腑的感动，但更多的是那种为考研而孜孜不倦的努力充斥了整个身心，让浑身血脉陡然贲张，有了再苦再难也要坚持下去的动力。

我有多投入、多用心，身边的同事都看在眼里，他们纷纷对我报以鼓励，希望我能真的考上最高学府的研究生，为自己争口气，脱离与自己资质所不搭的环境。毕竟暗淡的境遇，平庸的生活，并不是我所想要的。

认认真真准备的那一场即将到来的考试，我再一次进了复试，这是在意料之中的。1年的卧薪尝胆，1年的心酸砥砺，为的就是盼一个好的结果。

殊不知，命运再一次向我开起了玩笑。进了复试，我还是被刷了下来，连自己都想不通到底是因为什么。当得知结果的时候，已是欲哭无泪。

颓然地买票飞回昆明，我坐在飞机上靠窗的位置，那个位置也刚好在机翼旁边。睁着眼睛看外面的蓝天白云，飞上万里高空之后，机身置身云层中，在大片大片纯净的如棉花糖一般的云朵中穿梭，如同仙境。但我的心情却是沉郁万端，整个人面色苍白，形容憔悴，心里反反复复地出现想要从万里高空坠下的念头。

没有落泪，但却比落泪的感觉更难受。

我也不知道该如何面对一直鼓励支持我的同事们，回去会不会像过去那样遭受到百般嘲笑与冷漠？如今都到这个地步了，也只能任由风吹雨打向我袭来，最惨最糟糕的时候都经历过了，又还有什么可怕的呢？

踏着沉重的脚步，回到办公室的我显得很局促，手脚都不知道该如何安放。自然而然地，同事们关切地问我考研的结果，我只能苦涩地摇摇头，说还是没能考上。失落，彻彻底底地涌上心头。

然而意想不到的是，几个比我年长的同事并没有投来鄙夷的目光，而是关心与安慰我说："没事的，你已经很努力了，就算没考上，付出过就已值得了。""是的，想开一点，经历点挫折也不是什么坏事。""只要你想，还可以从头再来，没什么大不了的。"……

　　看得出来，他们的眼神中满是心疼与惋惜。面对他们的好意，我点点头，感到了一丝丝的温暖。深深地叹了口气，我已经与大学毕业时有差别了，至少不再是那么慌乱，那么无助，回来的那一晚也没有再失眠，而且从此往后再也没有失眠过。

　　经过认真思考，1个月后我提出了辞职，离开了昆明的这家小企业。无论是同事，还是我自己，都知道这里并不适合我的发展，好心的同事曾经也提过我应当早些离开这里，这里对我的事业并没有什么帮助，也学不到什么东西。

　　那时的我并没有想太多，一心扑在看书备考上。而对职业的规划显得很是随意，也没有太多的重视。的的确确，大学毕业后的近2年时间，我为了考研，不顾事业，因此也没挣到什么钱，身上更无多余的积蓄，当真是惨淡经营。

　　决定离开的时候，是知道自己实在没有必要坚持下去了，也不应该在昆明继续待下去了。同事们虽然不舍，但却理解这是再正确不过的选择。

　　离开的时候，和同事们好好地吃了一顿饭，回忆一起共事的日子，所有开心的、不开心的，一起经历过的事，去过的地方，笑语盈盈间带着不舍。在昆明的那段日子里，舅舅、舅妈对我也很是照顾，时不时地把我叫过去给我做些好吃的。虽然自己处于不如意的低谷期，但却不乏温情的存在，而非一片苍凉，没有记忆可供温暖。

一个同事亲自把我送到机场,在相处的岁月中,我们已然成为无话不谈的好朋友。踏上飞往北京的飞机,我明白这又将意味着新的开始。那个送我到机场的同事,后来出差来过几次北京,我们每次都有见面,一边吃着老北京涮羊肉,一边把酒言欢。

第二次考研失败后,失落的情绪仍然蔓延在我的心头,但却没有第一次那么强烈,也没有那么伤心和绝望。2年的职场生活,虽然让我的情商没有显著提高,但却已经不再是曾经的那个傻愣愣、不知天高地厚、喜欢横冲直撞的傻姑娘,懂得了收敛,懂得了沉下心来做事和规划未来。

幸运的是,我的抑郁症也渐渐得到了缓解,一点一滴,努力地走了出来。最抑郁的时候,时常会有轻生的想法,而如今,我会觉得活着是一件多么美好的事情。不就是一时的挫折吗,坎坷总会过去,人不可能一直幸运,也不可能一直不幸。正所谓"福兮,祸之所伏;祸兮,福之所倚",我们需要辩证地看待人生中的糟糕经历。

虽然猛虎有落于平阳的时候,但也总有虎归山林的那一天。面对梦想的搁浅,我可以失落,但我绝不会轻言放弃,这是我的性格所决定的。

来到北京,我几乎花光了为数不多的积蓄,在五环外租了间乡村公寓,还在不久后找到了一份新媒体运营的工作,新的人生画卷也从此展开。

如今,北漂3年后的我仍在一边工作的同时,一边攻读理想大学的研究生,辛苦并快乐着。我想,命运,终究会来眷顾我的。

不幸之后，将是人生的全新天地

　　我是"80后"，被描述为悲催的一代，吃过苦，到现在也没有享受过甜。很多人都在感叹生不逢时，这点我也赞同。

　　生命中的苦难是没有尽头的，如果你愿意把生活中的问题当成是苦难的话。"苦自心上来"说的很有禅意，但的确如此。

　　经过枪林弹雨，可能活着就是幸福，吃得不好，穿得不好，都无所谓。

　　经过缺吃少穿，可能温饱就是幸福，可不可口，时不时尚，都无所谓。

　　如果你什么都没有经历过，那么生活中的任何一件小事都可能让你难受，这就是差别。每个人的幸福是不一样的，每个人的不幸也是不一样的，值不值得，看你怎么认为。

　　在大学毕业后长达 2 年的时间里，我一度认为自己是非常不幸的，想不通我那么认真地对待生活，而生活却那么不认真地对待我，一而再再而三地给我苦吃，给我伤痛，让我受尽磨难到底是为什么。但后来我渐渐明白了，生活让我受伤、受挫，正是想用鲜活而真实的经历教会我很多人生的哲理，教会我在困苦中挺立。幸运的是，我最终明白了过来。

　　喜欢上了罗曼·罗兰的那句话："世上只有一种英雄主义，

就是在认清生活真相之后依然热爱生活。"是啊,世界以痛吻我,我何不报之以歌?只有这样,才能让世界的满满恶意无法得逞!

当我遭遇不幸时,始终做不到忽略它,也做不到不去理会它,但我会选择勇敢地战胜不幸。不就是不幸吗,来啊,相互伤害呀!

玩笑归玩笑,但谁都知道人在身处不幸之后,心情会很低落,状态会很低迷,仿佛全世界都在给自己罪受。然而总会有感动我的人与事出现,照亮我沉痛的心灵,给予我慰藉,值得我在逆境中发愤图强,迎难而上。

默默地在身后支持我的亲人,虽然最开始并不理解我的选择,但却从来没有为我设置障碍,在我最落魄潦倒的时候,也没有忘记给予我关心,虽然我没有接受他们金钱上的援助。父母知道我有自己想走的路,他们年纪大了,想早点抱外孙子,而我年近三十却依然单身,也没有为此给过我什么压力;甚至我远离家乡,毅然到了北京,也没有说过任何"你跑那么远干吗,老老实实地待在老家这边多好"之类的话。

好女志在四方,我一向这么认为。

我想去闯,我想去搏,我想用双手为自己、为家人拼出一个美好的未来。在不幸的时候,哪怕身患抑郁症,我也依然这么认为。

都说挫折是试金石,在最低谷的那2年,我也确实看清了很多身边的人与事。那些因为我遭遇不幸而贬低我、疏远我的人,那些利用过我、践踏过我的人,我彻底地将他们从我的生活中清除了出去。很多人原来是那么虚伪、那么势利,看清了,反而觉得很可笑。人生百态,挫折可谓是一面照妖镜。而那些当我经受不幸时，依然不离不弃，帮助过我、鼓励过我、支持过我的人，我会始终牢记在心，哪怕滴水之恩，也当涌泉相报。

不幸是把双刃剑，一旦被它给打垮，前面便是万丈深渊，让人万劫不复。而真正的勇士，敢于正视惨淡的人生，又何惧小小的挫折。触底之后便是反弹，战胜不幸，自会收获朗朗晴空。

我直面生活带给我的不幸，因为有值得的人让我感到温暖，哪怕再最孤独的时候，也会抬首观察夜空，寻找那微弱的星光。

我直面生活带给我的不幸，因为有值得的事让我有前行的动力。我想要读研究生，我想要一份成功的事业，我想要让家人过上好的生活，一切的一切都激励着我永不向命运屈服，在挫折的磨砺中淬炼出坚韧与强大，最终扭转运势，步入正轨。

这其中，读研对爱好读书的我来说，始终是一件十分值得的事情，从不曾忘记，也从不曾放弃。成为"北漂"后，我一边勤奋工作，承受着上班路上 2 小时，下班路上 2 小时的辛苦，一边依然坚持着看书学习，从没间断过。

渐渐地，我的事业有了起色，升了职加了薪，手头也不再那么拮据，租的房子也从五环外换到了五环内。曾经那两份工作所造成的不快阴影，也成为了过去式。

在不幸中沉沦的我，很喜欢听悲伤的歌，而度过此劫后迎来新生的我，置身在阳光下，却很少再去听那些悲伤悲情的音乐，而是喜欢听幸福欢快、对生活充满乐观态度的歌曲，并且也相信这种心态会一直持续下去。

无论遭受多少不幸，我都咬牙坚持了过来，走出抑郁，走出悲观，找回了满身活力和阳光的自己。

读研这件事虽然一再受挫，我也为此承受了诸多的白眼和冷遇，事业也几乎停滞，但终究都好了起来。于我而言，继续读研是一件值得的重要之事，对此我没有任何犹疑、后悔和退缩。

"有志者，事竟成，破釜沉舟，百二秦关终属楚；苦心人，天不负，卧薪尝胆，三千越甲可吞吴。"那些不能打垮我的，终将让我变得更强大。

关于读研的梦想，我也不再拘泥于回到学校读全日制的想法，而是一边坚守着事业的阵地，一边读在职研究生。现在，我实现了。

我若归来，青山依旧。不幸之后，将是人生的全新天地。一切，便都是值得的。

在走投无路的时候，闭眼沉思

我身边从不缺少抱怨的人，我都习以为常了。一天，一个从不抱怨的朋友也过来凑热闹，寻求安慰。

"有点扛不住了，自己想放弃了，坚持让我感到窒息，看不到未来。唉，过来跟你说说，心里好受了点。"

我淡然地问她："你一个人走过漫长的没有人的路吗？我走过！走的时候并不美妙，走完了就什么都好了。"

去年夏天，我独自一个人旅行来到五台山。上山前一天大雨倾盆，我住在下面镇子里的一间小旅馆里面。

"姑娘啊，你还是不要去了，一个人很危险的，这下雨了山上又冷又没人。你要是找不到一起走同样路线的人，就不要去了。我也会给你问问旅店其他客人，看有没有要徒步'绕台'的。"旅店老板语重心长地劝着我。我第一次来，并不知道"绕台"有什么危险，但是心中还是坚定地想要走一走传说中的五台山。

因为是夏天，所以我带的衣物并不多。但是上山还是要做些准备的，去镇子里的商店买了厚实的抓绒衫、雨衣、一根六道木的拐棍、一个斗笠，再从路边买几个饼，从旅馆边上的小店买了一大块生姜和两个苹果，又从药店买了盒感冒药，这就是我为上山所做的准备了。有人肯定会问我买生姜做什么,因为那时候我已经感冒了。感冒药吃了也没马上好,生姜好歹可以取暖。

老板的车把我送到东台的门口,最终老板没有给我找到同路的人,又劝不住我,只好把他的电话留给了我,说一旦迷路或是遇到危险,天黑还没找到住宿的地方就给他打电话,他会找车找人去救援我。

我觉得他有些夸张了,以前我也经常独自旅行,独自一个人在山林里穿行。不过每次运气都还不错,最终都能够在绝境中找到出路。

我记得那天是周六,但是因为下雨,人也不多。东台门口有几个小贩,生意都很冷清。我问过路线后,就一个人慢慢地往上走。因为下雨,又是小路,水、草、泥混合在一起的路有些不太好走,不过这时候雾气还比较稀薄,远远地还能看到一两个人影走在路上,好歹放心我的方向是对的。

东台上去是望海寺,望海寺有个观景台,所谓望海寺,不是真的有海,而是指云海。你会发现所有的云都在脚下,如海一般绵延不绝。那一刻,看见云海的时候,一路走来的泥泞都烟消云散。我就想人生是否也是这样,我们走的每一步或许都是荆棘遍布,泥泞把鞋裤都打湿了,但是最后我们还是会走过那段泥泞的,对吗?

东台结束后,就是往北台走了。据说这段路程是最远的,北台也是最高的。往北台走,我需要回到东门口那里,然后往另一个方向走。向小贩和工作人员打听的时候,所有人都劝我不要去了。"今天有大雨,后面也不会有人走这条路,你一个人太危险了,你家里人也肯定不会让你这么走的。"那时候的我哪里听得进别人的劝告，一意孤行地冲进了雨里。

沿着一条雨水冲出的小路，一路走着。我本以为那些人是吓唬我的，不让我一个女孩子走路，但是走了半小时后我相信他们说的是真的了，因为这条路真的没人。

雨也下得很大，上面穿着雨衣、带着斗笠还好一些，下面裤脚和鞋子早已湿透。如果去过五台山的人应该都会知道，在山上没有任何可以躲避的地方，上面的山都是亿万年形成的高山草甸，没有一棵树，更没有一个山洞或者突出的岩石可以避雨。就那么走着，我近视眼，偶尔看到前面有一两头牛的时候，就期望着会不会有一个放牧人也在这一片。但事实上，这么大的雨，放牧人也不会在山上守着。

我不知道该怎么来形容走在那段路上的心情，那时候只要看到活物，我就觉得自己还在这个世界上。后来看到奔跑的马匹，因为近视的关系，我以为一个人遇到狼了，想着或许任性的代价就是要被狼撕碎吧。这时候想回去已经太晚了，后面的路被我甩开得太远，如果不往前走，很可能会一个人困在这片山上。我掏出手机想向旅店老板求救，却发现这里根本就没有信号。

好在后来发现"狼"并没有向我扑过来，发现那头"狼"原来是一匹马。我小心地绕过这匹马，继续向前。这时候的雨里面夹着雾，使本来辽阔的山顶蒙上了一层厚厚的纱幔。

如果是平时观景，我会觉得这是绝美的风景，我一定是到了仙境。但是今天不同，我不知道我方圆多少里没有人，但是至少在这山上放眼望去是看不见人的，寂静得连虫鸣鸟叫都听不到。即便平日里极喜欢安静的我，也觉得这静有点瘆人。

其实人有时候恐惧的是未知，在手机没电、前路不知道还要走多远、后面的路已经回不去的时候才是最迷茫的,也是最无助的。这时候哪怕有个信号,能让我和朋友家人通个电话也是极大的安慰,但是很抱歉,没有。或许这就是很多时候大家所说的:"自己选的路,跪着也要走完。"

抱着跪着也要走完的心态,我又踏上了一座山坡。在到达山顶的时候,发现本来依稀可见的小路已经被雨水冲刷得没有任何痕迹,加之这个时候正好大雾浓郁得能见度不到1米,胳膊伸出去也看不清手指的状态。"我迷路了。"这时候我终于反应了过来。对,在渺无人烟的地方,我一个人迷路了。我算了下,背包里还有两块饼,一个苹果,一块生姜。

其实人生有很多绝境,或者说走投无路的状态,但是这次我好像真的走到绝境了。雨水冲刷得整个世界都是干净的,但是也是荒凉的。我把斗笠拿下来,雨衣的帽子拿掉,闭着眼任由雨水冲刷。

心中有了股倔强:"如果命运真的要把我往死里逼,那么在这个环境结束或许不是坏事,因为至少这里的天空、这里的气息是干净的。"

在这一刻,慌乱瞬间后,我内心竟无比平静。不知道过了几分钟,睁开眼睛,大雾竟然散了些,前面隐约有条小路。我宛若找到最后的救命稻草一般,向小路匆匆走去。大约又走了20分钟左右,竟然看见了公路。

我第一个遇见的人是三个人,那时候没有人能理解我的心情,我激动得和他们问好,甚至想上前和他们拥抱。他们热情地和我打招呼,并各自询问了路线。我们说了不到1分钟的话,又各自走向各自的目的地。我想人生或许就是如此,在某个拐角出现一个让自己豁然开朗的人，然后各自交错而过。

我不知道我的这段经历会不会给别人启发，但是至少是我人生中宝贵的经历。因为在我们走投无路的时候，闭眼沉思的时候，或许就会有一条通往"生"的路。我也相信所有人在绝境的时候，都能再出现一条生路。

第四辑　又没人同情，你软弱给谁看

　　人工智能越来越先进，有机器人可以陪人聊天，这让我很是惊喜，马上去体验了一把，但结果却有点失望，程序毕竟代替不了人。

　　这个世界真是太忙碌了，人人都在不知疲倦地奔波着，能说上几句话就可以称之为知己了。彻夜长谈在我的生活中再也无法发生，社会考验着每个人的承受能力，因为每个人都在孤单中前行，成长。

　　坚强成了必修课程，除了至亲，再没有人关注你的遭遇，你的软弱再也无处释放，所以还是抛弃它吧。

不管牌面多烂，打好最关键

家穷人丑，一米四九……每当我看到这个段子，心中不禁感叹，并非人人都有好的牌面，现实就是如此，有些东西是你轻易改变不了的。

但是日子还是要过，命运并不会照顾牌面好的人，也不会辜负牌面差的人。我曾经和一位学心理的朋友探讨过长得漂亮的人，为什么好像走得更顺当一点。

"大概是因为自信吧，坦白地说，环境对你会有一个客观的评价，有的人关注的是自己的优点，有的人牢记的却是自己的缺点。所以，有的人自信，有的人自卑，自信的人往往更值得信任，自卑的人给人一种不可靠、能力缺乏的感觉，尽管事实上并非如此。"

我赞同，"打牌技术"真的很重要。

海川和我讲，他有一个好哥们儿真的很神奇，在一堆发小里面不算有钱的，但却绝对是逆袭最成功的一个。

这哥们儿叫赵鹏，和海川一起玩游戏长大的。他们一起下河洗澡，一起对女生吹口哨，一起第一次学抽烟，一起第一次去酒吧，一起往女生的身上贴纸条……满满算来，这也是铁哥们儿加钢筋的关系了。

赵鹏从小就没有爷爷奶奶，也没有外公外婆，是父母上班之余带大的，相对来说看护的人少了些。家里经济条件也稍微窘迫，那时候街里街坊也都互相照看，海川从穿开裆裤玩泥巴开始，就和赵鹏一起玩耍了。

后来一起上学，其他孩子都有家里给的零花钱，但是赵鹏从来都没有。而且赵鹏特别懂事，从来不像别的孩子那样，没钱的时候就伸手向父母要钱，他懂事地不给父母增添任何麻烦。那会儿他们都是独生子女，其他小伙伴家庭虽然不是很富裕，但是也都还不错，更有两个是富二代。

赵鹏学习成绩特别好，从小学、初中、高中，再到大学，都名列前茅。在没有父母看管的情况下，学习也从不让父母操心。后来他大学学习的是金融专业，上学期间他就比别人加倍努力，入党，进学生会，在校期间参加各种社团活动，做了很多那时候在那个年纪的人眼中看起来很牛的事情。

机会是给有准备的人而准备的，赵鹏成绩优秀，学校的老师和同学都喜欢他。毕业的时候，有好的工作机会，学校的老师们都会优先推荐给他。那时候摆在赵鹏面前的工作机会有很多，有海关的，也有金融银行的，等等。当时海关是个好职位，但是要离开北京，赵鹏是个孝顺的孩子，最终他选择进入银行上班，留在了北京。

这一切仿佛都很正常，大学毕业，因为成绩好，所以进了个好单位，这些都是这帮哥们儿能预想到的。但是让这帮哥们儿吃惊的一件事是，人家赵鹏在银行上班3年后，他们2003年大学毕业，也就是2006年的时候，竟然在朝阳CBD区域买了套房。是的，你没看错，是在没有父母亲人的帮助下，一个大学毕业生工作3年后在北京的朝阳CBD买了房，虽然是小户型，那时候北京房价也还没涨起来，但那可是在核心地带的一套房呀！

当时一帮哥们儿都觉得特别不可思议，赵鹏是他们这帮哥们儿里面靠自己最早买房的人。可能是因为赵鹏是学金融的吧，比较有经济头脑，那时候闲暇之余手里有点钱，就开始投资股票、基金等，总之，对财务方面的事情特别敏感。

这样又过了几年，赵鹏的经济条件算是比较稳定了，也有了点积蓄，可接下来的一件事又把所有的哥们儿都惊到了。他们初中的校花叫耀珍珍，这时竟然成了赵鹏的女朋友。要知道，这校花当时可是这帮人的梦中情人，用海川的话说："你不懂得，她太漂亮了，特别漂亮的那种，我们只能仰望。"包括那两个富二代在内，都对耀珍珍可望而不可即，只能远远地看着。不是那种追不到，而是根本就不敢追。他们一致认为自己和耀珍珍之间是云泥之别，觉得多看几眼都是在亵渎她。

现在耀珍珍竟然成了赵鹏的女朋友，一个他们从来没想到过的结局。所有人都不淡定了，大家在喝酒的时候醉得东倒西歪，他们天上的女神终于落入了凡尘。那天一帮哥们都喝醉了，还有的流着泪大谈过去的事情。

女神恋爱是女神的事情，所有人也无法改变什么，但值得庆幸的是，好歹是和自己哥们儿好上的。后来在和女神恋爱了2年后，赵鹏竟然在五棵松又买了一套两居的婚房。虽然是拿了之前的房子抵押贷的款，但这也算是在北京有两套房了。对于其他还和父母一起住的人来说，简直就是打击。至此，大家对女神的选择再无怨念。

这一刻，大家终于正视了自己和赵鹏之间是有差距的。几个哥们儿除了两个富二代，又或者有父母留下的家底外，至今都没有一个人有赵鹏富裕。最为关键的是，赵鹏可是白手起家的。

据说赵鹏工作起来特别拼命，每天都是朝九晚不知道。但是赵鹏的收入也的确盖过了所有人，真正过上了小康偏富裕的生活。

据说还有一段故事，就是赵鹏的母亲在更年期那段时间情绪特别不稳定，而且脾气比较暴躁。赵鹏工作实在太忙了，最后是哥几个轮流看着赵鹏的母亲。那时候治疗费是一大笔费用，甚至还去看了心理医生，加上各种药物辅助等。赵鹏早早地准备是没错的，在母亲病情需要巨额医药费的时候，他没有皱眉头就拿了出来。哥几个唯有咋舌。

赵鹏结婚没几年，又换了套房，把结婚时的两居室卖了，换成了大三居，三室两厅两卫的格局，妥妥的富裕阶层的生活水平了。现在虽然还是两套房，但是不一样了呀，一套大三居自己住，一套 CBD 核心区域的房子出租，再加上手里从来没断过的股票、基金、理财产品等，都昭示着赵鹏从那个连烟钱也拿不出来的孩子蜕变成了成功者。

而海川在好不容易申请下来一套经济适用房的今天，二人都已经从原来穿开裆裤玩泥巴的发小迈入了中年。海川笑着说，他以前蹭我的烟，现在我蹭他的酒。虽说他们还是铁打的关系，但是在这十几年的蜕变下，都各自走入了各自的生活轨迹。

赵鹏的逆袭，并不是他运气有多么好，而且他也没有有背景的后台，更没有能帮助他的父母。他在自己力所能及的范围内做了自己所能做的一切，真正地把一副烂牌打好了，这就是真本事。

第四辑　又没人同情，你软弱给谁看

在生活中，我们身边有太多的人会抱怨命运的不公，也有说自己无论如何辛苦都没有结果的，而我想说的是，那是你真的不够努力。赵鹏是从小努力，长大努力，工作之后更加努力，他抓住了每一次让自己升级蜕变的机会。

熬过狂风巨浪后,风雨也很温柔

生活中很多人说风雨之后才是彩虹,有怎样的风雨,就有怎样的彩虹。尽管我对此话心生疑窦,可我还是很喜欢这句话。熬过狂风巨浪后,风雨也很温柔,可能这样的描述更加现实吧。

我们少不更事的时候,总觉得经历坎坷、刺激是件很美妙的事情。但是事实上,这个世界上没有几人能承受得了狂风巨浪的侵蚀。

所谓的风浪,要看是对什么人,对于心态以及承受力不同的人,他们所认为的狂风巨浪是不一样的。

我老家有个邻居,我叫他哥哥。这位哥哥年轻的时候脾气特别好,长得也很好看。我记忆最深的就是他会画画,尤其是画古代美女的图像,画得就像画家那样好。一根铅笔,一张白纸,他就能变一个美女出来。我小时候还是很喜欢去他家玩的,这个哥哥比我大十来岁,因为农村结婚早,所以那时的他已到了结婚的年纪。

那时候我看着他的画,总觉得他是个心有千秋的人,虽然那时候我并不懂什么叫心有千秋,但总觉得他的命运不应该是那样子的。

可他还是早早地结婚了,因为家里穷,他没有过多的选择。

第四辑 又没人同情，你软弱给谁看

这桩婚姻或许并不是这个哥哥想要的，但是不管是家庭的压力，还是女方的意愿，他们终究还是结婚了。

那时候我上初中，还没有离开家乡。我记忆最深刻的就是他们家总是传来非常大声的吵闹声，和女人歇斯底里的哭泣声。

有好多次见到他把家里的锅从厨房扔出来，农村那时候多数住平房，房子离马路有点距离，这个距离就是院子。那时候经常出现的声音就是铁锅被扔到马路上，而且是直接从厨房扔出来的哦。然后你就会听到铁锅和水泥地撞击加摩擦的声音，伴随的是这个哥哥也歇斯底里地喊着："不过了，离婚。"然后就是这个嫂子大声的咒骂和歇斯底里的哭声。

在农村，他们是我见过的唯一一对这么吵架的夫妻。平常人家就算有时候也吵架，也总有一个人让着另一个人，但他们家不是，总觉得他们两个人都特别歇斯底里地哭泣着。

那时候我还小，不懂得爱情，也不懂得感情，多年后回想起来，才知道那时候的哥哥有多么痛苦。因为一开始就听说他不同意这桩婚事，而女方同意，加上他家太穷了，想娶媳妇也比较困难，难得人家女方不要什么礼金。大概是女方真的很喜欢哥哥吧，加上他父母的重压，哥哥于是就结婚了。但是谁也没想到他们婚后会过成这样。

我记得从那时候开始，哥哥变得不爱说话了，也不爱带着我们几个小孩子玩了。

这位哥哥婚姻最初的3年基本上都是在吵架中度过的。那时候听着大人们八卦家常的时候，很多都判断他们会离婚。但是哥哥不但没有离婚，后来他们还有了第一个孩子，是个漂亮的女孩。自从有了孩子之后，哥哥和嫂子竟然奇迹般地不吵架了。也许是那时候哥哥对命运屈服了，也许是有了孩子，他有了责任和父爱，而嫂子看到哥哥貌似对她们母女怜爱多了一些，自然也就不闹了。

就这样，我们都以为哥哥一家的生活开始幸福了，他们也的确幸福地过了几年。后来嫂子想要男孩，他们又生了个闺女，虽然没能如愿，但自己的孩子还是很爱的。在哥哥和嫂子已经不奢求男孩的时候，嫂子意外怀孕了，生下来的竟然是个男孩儿。

说到这里，大家肯定在想这事超生了呀。的确，哥哥和嫂子超生了，他们总共有三个孩子。有了三个孩子之后是幸福的，但也是压力巨大的。哥哥开始没日没夜地干活，平时在工厂上班，有点空时就去田里干活，还会去河里抓鱼虾来卖。嫂子自己随便做点零工的同时，还操持着家务事。这样的一家人，怎么看都是其乐融融的。

后来我上学工作离开了家乡，1年只回家一两次，再见他们家人的时候，都是非常幸福的样子。

然而幸福有时候真的只是暂时的，大概5年前吧，我回老家的时候，哥哥来我家串门，他吃力地蹲在门口，脸上勉强地挤着笑容和我父母攀谈，也和我打着招呼。

他走后，我问我妈："哥哥是不是又和嫂子吵架了，脸色怎么这么难看？"

"不是，他生了很严重的病。现在外面都还不知道，但是我们知道，听说是肝癌！他早就知道了，但却不肯在家休息。自从查出病症后，也不好好治疗，还拼命地上班。唉！他家压力太大了，就他一个人挣钱，而他家孩子还都在上小学，正花钱的时候呢。他这一病，以后真不知道该怎么办？"我妈一边和我絮叨，一边擦了擦红了的眼睛。

"肝癌？怎么会？这可怎么办呀？哥哥这要是出了事，他们家不就完了吧？"我吃惊地分析道。

"可不是吗？他也不认真治疗，估计是怕花钱吧。"我妈重重地叹气道。

我不知道命运为何跟哥哥开了这个玩笑，但是来了总得接受不是吗？在那一次离开的时候，我站在马路上，往哥哥家院子里望了好一会儿。

我们只是凡人，无力去改变命运。我能给哥哥的，唯有我的祝愿。

再后来的回家中，我再也没有见过哥哥。我那个会画画的哥哥再也没有了，我也不会再像小女孩那样，拿着铅笔盒和白纸找他给我画美女了。

后来再见嫂子，她总是疲劳的双眼，却透着坚强。哥哥走了，她一个女人拉扯着三个孩子，这是多大的困难我不知道，只听说村里把她定为困难户，给予了一些帮助，但是那些杯水车薪的东西怎么能够三个孩子的开销呢。而且嫂子是个要强的人，并不希望委屈了自己的孩子。

再后来我就看见嫂子去上班了，每天早上出门前做好饭菜，让孩子们自己回来吃。晚饭的话，等她晚上回来的时候再做饭。偶尔遇到加班时，家里的老大也帮着妈妈做些家务，洗衣做饭都能分担一些。在这个年代，嫂子一个人苦苦支撑这个家的确很辛苦，而且还要努力偿还哥哥生病时拖欠的医疗费。虽然那时哥哥尽量省钱，但是嫂子仍然坚持让哥哥治病了。

最近几年，我看到的都是嫂子操劳的身影，开始她总是很沉默,后来渐渐有了些笑容,毕竟有时候孩子能拿回奖状,带回老师的表扬,这一切或许是对嫂子最大的安慰吧。

我相信这中间肯定有人劝过嫂子改嫁,或是把孩子送给亲戚朋友抚养,但是嫂子都没有同意那么做,她依然努力地抚养着三个孩子。

现在我似乎有点明白嫂子了,嫂子是爱极了哥哥的。婚姻的最初,因为并没有得到哥哥的爱和怜惜,所以嫂子歇斯底里地吵闹。现在哥哥走了,嫂子尽自己的全力抗下了整个家,因为这是她和哥哥的孩子,无论如何都不能让他们受到委屈。

现在嫂子家里算是缓过来了,大的姑娘能帮妈妈做很多事了,寒暑假还能到超市打临时工。而小的两个孩子也异常懂事,懂得为家里大人分忧。

对嫂子来说,或许狂风暴雨都过去了,以后的日子就算再艰难,也都是温柔的。

高低起伏，这才是人生本来的样子

看过一个有趣的小实验，把铁球放在两个木槽内，一个是平的，一个是高低起伏的，本来以为走平路的铁球会先一步到达终点，但事实却恰恰相反。

难道高低起伏给了铁球更大的动能？我没有仔细去思考过这个问题，但想来人生大概也如波浪般存在吧。

说人生如波浪，其实有点儿文艺，用更直白一点儿的话，应该是人生如股票的线，不会一直往下跌，也不会一直往上涨，能够一直走相对平稳的线简直少之又少。

股票线有时候会大跌，也有时候会大涨。大跌的时候，撑不住急忙抛出的大有人在；大涨的时候，喜笑颜开得意忘形的也有不少。仔细想来，股票线就是人生的缩影，人的气运也同样是起起伏伏的。股票存在不确定因素，突然爆出的丑闻，国际形势对某一领域的影响等，都会令股票大跌。人的气运也是如此，不好的时候喝凉水都会塞牙，好的时候怎么做都顺利。

关于这件事，我研究了好几年也没研究出个所以然。之所以有心情去研究股票和命运之间的微妙联系，实在是以前倒过大霉，搞得好几年做什么事都不顺利。若说没努力、没尽力那真真是委屈的，往往付出比别人更多，最后不是被别人摘桃子，就是被人赖账，又或者一事无成，总之付出的和得到的总是不成正比。

开始时会自我安慰这是意外，下次就好了。但当经历无数次的下次也是如此结果后，终于开始怀疑起人生，甚至相信哲学或者宗教的一些说法，于是努力调整自身，再次出发。最后往往还是一事无成。

那时候我常常缠着一个朋友给我算命，人家被我弄得不胜其烦。刚开始时还会敷衍我一下，到后来直接告诉我算不了。其实我也知道他算不了，但是人嘛，在逆境无助的时候总是喜欢去抓根稻草，抓不住有形的，也要抓个虚无的，至少心理可以得到安慰嘛！

说到波浪如人生，不得不说我的一个朋友明春，明春是我意外认识的一个朋友。按理说，我与他的生活不可能有任何交集，而且我在上海的时候他生活在北京，我来北京后他生活在上海，但就是这么阴差阳错的不在一个城市，工作和朋友都没有任何交集的两个人，最后却因为喜欢同样的一个东西而认识了。刚开始时话并不多，后来渐渐聊得熟了，才发现这哥们儿原来也是一个小强。

明春祖上是有家底儿的，至于什么身份，他一直没和我说过。到了他这一辈，基本上什么都没有了，但是瘦死的骆驼比马大，明春在爷爷走后，还是在自家老宅子的墙根下挖出了一罐金沙。

这罐金沙成了明春起家的资本，他初中刚毕业就不上了，要出来闯一闯。零几年的时候，很多生意还是很好做的，明春因为喜欢音乐，于是就在后海开了间酒吧。

第四辑　又没人同情，你软弱给谁看

就这样，明春开酒吧1年半后，在北京给自己置办了三居室。20岁出头的年纪，初中学历，虽然当时北京的房价还没涨到现在这么离谱，但是当时的工资也没这么高呀。这对当初的明春来说，算是很大的成就了，在父母亲戚面前也是倍儿有面子的事情。

如果说人倒霉了连喝凉水都塞牙，走路上都会被花盆砸中，这话用来形容明春再合适不过。2008年北京奥运会是全世界都关注的焦点，北京也因此来了各种外宾，按理说一个奥运可以把北京的餐饮旅游都带入一个高潮，而明春又能在这个高潮中赚一笔。但是在离开奥运会还不到1个月的时间时，整个后海的酒吧都被抄了，所有酒吧的老板都被关进了局子里。

据说是一个酒托宰了个老外冤大头，一晚上让人家消费了十几万的酒水。第二天所有酒吧都被查了，后来大家才搞清楚事情的原委，原来老外因为不满消费太高，将此事捅到了派出所，当时奥运会前期正值严打此种现象，于是就出现了后来酒吧街全部被抄的结局。就这样，明春从局子里出来后，酒吧关门了，房子也卖了，还欠了38万。

挣扎了一段时间以后，明春觉得自己肯定可以东山再起了，于是开始去做销售，因为销售能挣钱呀！他去卖房子了，1年后还清了部分欠款。这时候哥哥在上海发展得很好，打电话给他让他别在北京折腾了，还是去上海跟他混吧。

明春踏上了行程，带着仅有的几件行李去了上海。哥哥的生意是炒货，可能很多人都没有听过炒货，明春不和我说，我也没接触过这个行业。

那段时间，他们主要是做手机。国内工厂直接生产出来的手机不合法，必须要去国外转个圈，走个海关才是合法的好货。在苹果4S、5S时代，智能手机还没有现在这样智能，国产手机也不是那么流畅，但是架不住大家对新鲜电子产品的热爱。

明春看哥哥左手倒右手一次就挣几十万，发现确实是个好生意，于是立马办了贷款跟上。那时候一定要追紧了新电子产品的最新款发布时间，一定要在第一时间把货从海关运到店里，然后再发货给全国各地的小商家。每次都是货还没到，就被分光了。这事不能延迟，一旦拖到两周以后，一款新手机就会满大街都铺满了。失去了先机，价钱也就卖不上去了。明春和他哥哥每次都很果断，两周一到，手上的货就全部平价处理掉了。他说一旦慢了，市场价钱就会掉下来，这些货就会砸在手上。

跟着自家哥哥混，兄弟俩也算赚得盆满钵满。这次国内好几个牌子都出售新款，还有苹果也升级了一款手机。一起做的几个人都卯足了劲，加大了投资，准备在这一批货中大赚特赚。哥哥还说看好了两个挨着的房子，准备一起买下来，然后把父母也接过来。

那几天全世界发生了一件大事，就是"马航失踪"案件。相信很多人都还记得马来西亚的一架飞机诡异失踪了，连残骸都没找到。这引起了国际震惊，全世界的媒体都在报道，几个大国也介入调查失踪事件，一时间风起云涌，甚至牵涉到诸多政治与国际事件。

这原本是一件与普通老百姓无关的事情，大家只是觉得是个大新闻，甚至算是灵异事件吧。但是谁也没想到，马航事件竟然导致了明春和他哥哥以及几个合伙人倾家荡产。为什么呢，原来他们定的那批货这几天正好到了海关，也是这几款手机最贵的时候，但是因为马航的事情，海关全部压货不让进港口。他们这次是把全部身家压进去的，而且还贷了款，总共两个集装箱的货，这会儿进不来，晚1个小时都是在损失钱啊！

这次的事情很奇怪，他们的货海关总是不放进来，最后等他们拿到那批货的时候，已经是1个月以后的事情了。这时候全国每个角落都铺上了正品货，他们的货算是全砸在手上了。最后怎么处理的我不知道，但是我知道这次明春又欠下了一大笔钱，加上之前没还清的，还有贷款利息等，总额共欠了80多万。而且这次他哥哥也是血本无归，无力帮他。

明春问我："你炒股吗？"我说不炒。他说："你看人的命运像不像股票的线一样，我现在在河面的下面，但我相信很快就会抬头的，我会再次飞黄腾达。姐，到时候我就去找个世外桃源的地方建个漂亮的大房子，把你也接过去，这个世界太坏，不适合你，你也别结婚了，下半生我养你。"

我感动地看着明春，在他脸上没有看到一丝一毫愁容。但是后来他渐渐不与我联系了，至今我也不知道他是否又飞黄腾达了。

从小不勇敢，长大后会软弱到家

"这孩子，从小就听话"是一种很高的评价。

"这孩子，从小就不是东西"这句话，连家人也难辞其咎。

事实上，生长环境对人生的路有着很大的影响。我们都是带着原生性格走向世界的，即使改变再大，都会有它的影子。

昨天有人跟我讨论如何教育孩子的问题。我瞬间发蒙，因为我没有孩子，又如何谈教育孩子呀。但友人说非要听听我的意见，因为她希望未来她女儿长大后能有我身上一样的气质，一种豁达、淡定、从容、坚定的气质。她觉得这是来自于骨子里的，所以一定要与我探讨一番。

我虽然嘴上拒绝，但心里还是美滋滋的，于是便和她探讨了起来。

我想了想，我自己既不是从事幼儿教育的，也不是研究心理学的，虽然看过各种各样不少的书，但是探讨如何真正教育女儿，培养好一个孩子，以至于对她未来的生命都能够有益处，还是不能乱说的。

我说："其实我不知道该如何教育孩子，但是我有两个朋友，一个是我认为把孩子教育得特别成功的，一个是我认为把孩子教育得特别失败的。我把她们两个人的事情和你说说，供你参考。"

第四辑 又没人同情，你软弱给谁看

先来说说把孩子教育得成功的这位妈妈吧，这位妈妈是专职在家带孩子的，但是家境较为富裕。也许正是由于这一点，从某种程度上培养了孩子从小的自信。这孩子是我见过的同龄人中最独立、最能够自己做所有事情的孩子。

文文的妈妈坚持让文文自己去主导很多事情，他们母女经常去逛街吃饭，见妈妈的朋友。一般大楼下面的停车场都特别大，在文文刚能走路的时候，妈妈就对文文说："妈妈一向比较笨，脑子不好使，你还记得咱们的车停在哪里吗？回头你来给妈妈带路，不然咱俩今天就回不了家了。"文文一口答应。到妈妈和友人吃完饭，母女俩一起回家的时候，妈妈让文文带路，那时候文文哪里找得到路，妈妈也装作迷路，结果母女俩在停车库里一层一层地"找"，绕了半个小时才"找"到车子。后来，文文学会认真地查看车子的路线标识和标记。

在这样的锻炼下，母女每次出门，妈妈都从不记车子停在哪里，直到今天也是如此。有时候文文还会说："妈妈，你真笨，记忆力这么不好。走这边，这边最近。"

还有一件事，就是现在的幼儿园里面有很多环节要求父母陪着孩子一起学习，然后一起做节目、一起考试。文文的妈妈每次都装作什么都不会，或者故意做错。刚开始的时候，文文在同学面前因为妈妈的"拖累"，总是得低分，因此在同学面前特别丢脸。看着文文气鼓鼓的，妈妈也会乖乖地道歉，并且让文文教她，她虽然表现出"认真学习"的样子，但却永远都"做不对"。

文文最后放弃了妈妈，每次都是由她来主导完成两个人的任务。所以每次学校里有活动，妈妈也从不缺席，但是从来也没有帮上过什么忙。

在这种活动中，一般有个奇特的风景，就是所有陪孩子来的父母都聚精会神地听讲，或者认真记住老师说的游戏规则。而文文的妈妈则不是这样，她通常都拿着一本闲书看，需要母女一起上场时就露个面，所有环节都由文文来主导并指挥完成。如果是做作业之类的，文文就一个人完成两个人的作业。

那时候文文的老师曾对文文的妈妈说："你其实一点儿都不笨，你是世界上最聪明的妈妈。"

后来文文的爸爸妈妈分开了，文文跟着妈妈一起生活。一般的孩子对这种事情好像都会有些心理障碍，但奇怪的是，文文还是那么开朗聪明，也不逼问妈妈和爸爸之间怎么了，也不对爸爸生气，依然开朗地和爸爸通电话、撒娇。

文文的妈妈再也不能像以前那样无忧无虑地生活，开始考虑赚钱做事业的问题。她不想靠着文文爸爸给的赡养费生活，虽然她们不工作也依然可以过着富裕的生活。

文文的妈妈开始每天忙得没日没夜。在家的时候，文文半夜睡醒会轻轻地搂着妈妈，然后给妈妈泡杯茶；放假或是周末的时候，她会陪妈妈出差，从来不吵着要出去玩，总是安静地陪在妈妈身边；妈妈去工作的时候，她就在宾馆的房间里做作业。

母女俩经常天没亮就出发去机场，半夜才回家，按理说一个孩子受到这种疲累，会和大人吵闹的，但是文文从来都没有这样过。

上周，文文的妈妈在朋友圈里晒出了一碗饺子，配文是："这是女儿第一次全程自己剁馅，自己包的饺子，她对我说，妈妈你辛苦了。以前我还小，但是以后我会照顾好你的。"这是一个小学四年级的学生说的话。在如今这个时代，一个经济优渥，并不缺钱，又出现父母离异的家庭，孩子能如此有教养，这是绝大多数家庭所做不到的。

说完了文文，我们再来说另一个家庭的孩子伟伟。伟伟和文文一样大，妈妈也是专职在家带孩子的。我不想去否定别人什么，因为伟伟的妈妈怎么看都是个好人，对所有人都谦和有礼，也教育伟伟要文明有礼。

伟伟的妈妈生伟伟的时候比较晚。生伟伟的那会儿，遇到了近年来最冷的一个冬天。伟伟的妈妈生完伟伟后躺在医院里，外婆往医院送饭，乘坐的公交的车轮上都安装有铁链。因为雪太厚了，又结了层厚厚的冰。也因此，全家人都觉得伟伟出生的时候受苦了，对伟伟都特别偏爱，超级保护。伟伟几岁时脾胃不好，不爱吃饭，伟伟的妈妈就想各种办法去弄各种偏方药物来给伟伟吃，弄得伟伟特别讨厌吃东西。伟伟不吃，伟伟的妈妈就强行用勺子喂，然后伟伟就形成了习惯，只要妈妈不喂饭，他就不吃。

伟伟的妈妈也想过让伟伟自己吃饭，但是伟伟可能觉得只有让妈妈喂饭才能体现自己的重要性，才能表现出妈妈在乎自己，所以一直坚持着让妈妈喂自己吃饭。伟伟的妈妈这一喂就喂到了十几岁，即便如今反复给伟伟讲道理，要他自立，但是可能已经养成了习惯，伟伟每次都扒两口饭后就不吃了。妈妈不喂饭他就饿着，用这种方式来表达自己的重要性。

伟伟的妈妈一直怕伟伟和其他小孩学坏了，因此不让伟伟和所谓的"坏小孩"一起玩，所以伟伟也没有什么朋友，周末都是待在家里。有一天家里来了个亲戚家的哥哥，这个哥哥要在家里住一段时间，所以在家里安装了一台电脑，专门打游戏。伟伟哪里见过这个，虽然有时候同学会玩，但是妈妈不让他和打游戏的

"坏小孩"玩，但在看到哥哥怎么玩游戏后，伟伟一下子就迷上了游戏。

后来哥哥走了，伟伟像疯了一样，每天都在妈妈面前软磨硬泡。伟伟的妈妈一开始不同意给他买，但是伟伟用了各种不吃饭、打滚、不睡觉、在家砸东西等手段，最后伟伟的妈妈实在没办法了，就给伟伟买了电脑打游戏。

伟伟和我们出门的时候，前面放个鞭炮他都会像受惊的兔子似的躲在我们的身后，小心翼翼地问："阿姨，这个爆炸会不会要命呀！"我不知道该怎么回答伟伟，只得耐心地跟他说这个不会。

伟伟对陌生人极怕，对我们这些熟人还好些。但是单独带他是件特别煎熬的事情，因为他妈妈不让他做的事情太多，而他又有太多的好奇，但是却没有勇气去做任何事情。于是总是缠着我带他去，可每次发生一点微小的变故就会躲在我的身后。他是个每一毫秒都需要人关注着他，以显示他重要的孩子。

我不知道伟伟的妈妈有没有意识到伟伟的这些心态，作为朋友，我无法去和她讨论批评她家孩子的事情，因为她也接受不了。但是好像伟伟现在吃饭的时候，偶尔还会让妈妈喂，而他自己不敢做任何事。

文文的妈妈和伟伟的妈妈都非常爱自己的孩子，但是却教育出了不同的性格，我讲出他们的故事，以此供所有人作为参考。

无论结果如何，努力就行

时间是良药，救治了太多的委屈、太多的不甘、太多的无能为力、太多的堕落。

如果游走到崩溃的边缘，谁都不愿正视那令自己过度失望的事情，逃避是最简单的方法，长睡不醒、长醉不醒，都是不错的方法，但总有醒来的时刻。

小时候每年暑假都会看《西游记》，怎么都看不够。长大以后，我以为我不会再对某个影视剧重复地看。近一两年却发生了一件连我自己也感到震惊的事情，就是我竟然看一个电影重复地看，仔细地看了十多遍。

《小森林系列》包含冬春篇和夏秋篇，这部电影可能并不是所有人都喜欢，因为很简单，剧情也并不曲折，也没有特别虐心或是喜感。对整个电影最深的感受就是静，以及乡村的景物的美丽，电影讲述的是一个叫柿子的女孩子，在上大学的时候母亲离家出走后，独自一个人生活的故事。

柿子后来也去了城市，并找到了工作，但是无法融入城市的生活，于是狼狈地回到小时候生活的地方——日本东北一个叫惠源的农村生活。

这里算是与世隔绝，即使是购物也需要走很远的路。生活在那里的人们都是自给自足，勤劳质朴。柿子独自一人辛勤劳动，种田、种菜，去山里采摘，并做成各种食物。

这样的生活看上去就和我国大部分农村的生活一样，并无任何新意。但是这里不一样的是，柿子拥有着一颗七窍玲珑心，各种材料在她手上都能做出精致的美食，在困苦的环境中慰劳自己，使得整个影片看上去一点也不辛苦，只有满满的清新的文艺。

柿子的母亲还在的时候，家里有很多书，后来基本上都被母亲处理了，但是柿子可能是从小就受到了熏陶的原因，也养成了读书的习惯，所以尽管生活的压力很大，但柿子并不是浑浑噩噩的，而是始终在思考着人生。她并不甘心就这样在惠源这样一直生活下去。

后来，柿子的母亲终于来信了，大概说了自己离开的原因，其次就是说一些大道理，其中有一段就是："人生就像圆圈，总是在同一个地方摔倒，但是其实每次都有不同。"柿子理解的是人生更确切地表达是螺旋，虽然每次都在同一个地方跌倒，但是每次又都不同，在同一个错误上又有进步。

影片的最后，柿子决定去面对自己的人生，在跌倒的地方再重新爬起来。柿子又回到了城里，并在城里成了家，5年后再回到惠源的时候，心境已然不一样了。

这部片子看完后人会安静，同样也会思考人生。柿子的境遇其实相对是不好的，因为小小的年纪就要一个人去面对生活的所有。

我认识一个女孩子，也发生了家庭变故，可以理解为没有父母吧，姑且叫她白姑娘。这个白姑娘呢，我与她接触不多，只是感觉是个让人不敢去靠近的人，不论说话还是做事情，总是让人较为难受，久而久之，也就不再接触了。

后来和一个同事肖一起出差，在与他的聊天中得知了白姑娘的一些事情。起因是我说对她不太了解，只是觉得不容易接近，后来索性也就不接触了。肖告诉我说，因为你是女孩子，所以她没法依靠你，没法和你撒娇呀！

肖接着对我说："我们几个男同事都不愿意和她一起出差，因为实在是太累了，吃个饭、乘个车、住个酒店都各种挑剔，是那种特别需要男生照顾的感觉。我们又不是她男朋友，迁就一下可以，过度了就觉得特别别扭了。而且她太以自我为中心了，和她相处特别累。

"唉！不过你也理解一下她这种状态，可能和生长环境还有家庭有关系吧。她从小就没有妈妈，后来爸爸也离开了她，她基本上算是个孤儿吧，喜欢让男生照顾可能是太缺乏父爱了。她总是和我说她生活多么艰难、多么可怜，吃了很多的苦等。"肖无奈地和我说着。

白姑娘是挺不容易的，如果一个人长期生活在没有安全感的生活环境中，造成敏感和偏激的性子也是正常的。但是她可能忽略了一点，那就是别人也是不容易的。大家可以理解你、迁就你，但是并不代表别人就是你的依靠。

后来，一个同行业的朋友给我打电话，问我认不认识白姑娘。我诧异地问你们认识？这个朋友说白姑娘换工作时去他们那儿面试了，他感觉特别不好，但是他手头上特别缺人，于是他很犹豫要不要让白姑娘入职。他觉得我应该认识白姑娘，就过来问问情况。想到肖和我说的白姑娘的事情，我陷入犹豫要不要告诉这个朋友。最终我告诉他说："所有的人都需要你自己去观察，我不是很了解，也没怎么接触过白姑娘。"

后来听说白姑娘顺利地进入了那家公司，但是又很快离开了，具体原因不知。

离开一个工作岗位有很多种原因，不一定就是白姑娘本身的原因。但是白姑娘也的确不能总是生活在自己自艾自怜的情绪里面，这样不仅让大家都怕与她相处，会渐渐地远离了她，也会使得她越来越委屈，觉得生活亏待了她。

谁的人生没有苦？谁的生活一帆风顺？这些都是我们生活中必须要面对的经历。如果说白姑娘是一个人艰难地生活着，那在这北京城的各个地下室、城中村、合租房里也有更多生活艰难的北漂。他们不仅要自己生活，还需要每个月给远方的父母亲人寄去生活费。但是这一切并不是我们自艾自怜，让别人一定要照顾我们的理由，毕竟每个成年人都在背负着包袱前行。

这也许是我更喜欢《小森林》的原因，同样的遭遇，不同的心。生活的味道本来就是苦涩的，但是我们不能陷入一个坏的轮回圆圈里面，哪怕自己的心一时无法想通怎么去改变，但是至少不能是圆圈，而应该是螺旋，虽然缓慢，但是总是在进步。

我们无法改变外部环境中所发生的一切，这可以说是命运的安排，但是我们却可以改变自己的心，可以改变自己的心在面对一切困难的时候的态度，这样我们才不会被沉重的现实所打败。

生活中大部分人不能像柿子一样有颗七窍玲珑心，但是我们可以在面对眼前的一切时做少许的改变，比如很不理解、很不喜欢的一个人，我们可以尝试站在对方的立场上，或者从另外的角度去看待一些事物和人。这样自己对一件事、一个人的态度就会有所改变。同理心不是每个人都能做到的，但是我们只要是在努力的过程中，便不会被这世间纷扰的表象所缠住，更不会因此而失去思考的能力。

第五辑　与这个世界相处，你必须勇敢

　　我们很幼稚，我们也很自在；我们很成熟，我们也很圆滑。不知道从什么时候开始，我们学会了隐忍，学会了闷不做声，可是这个世界没有人能够成功躲藏，谁都一样。

　　面对世界的偶然不友善，大家都选择息事宁人，于是惯出了一些人的毛病，于是天天不友善，我们开始撕破脸皮，开始正面交锋，然后两败俱伤。

　　更多的时候，我们都在责怪他人，但是却忘了我们的善良应该有点锋芒，应该告诉这个世界，我们的忍让不是性格，而是出于礼貌。

走出黑暗，做真实的自己

隐忍也有致命的缺点，就是以为隐忍能够换来良知，但是很遗憾，我的经历告诉我，没有这回事情，如果不反抗，隐忍过后，你需要更大的隐忍。

无意中看到一篇对林冲的人物分析，上面说我们都是林冲，只不过有的被逼成了秦明。的确如此，没有坚持，长期妥协的人容易被欺负，道理很简单，欺负你付出的代价是最小的。

想到一个笑话，如果前面有两辆车，一辆是宾利，一辆比亚迪，如果自己实在刹不住，就追尾那辆比亚迪吧。因为撞上比亚迪，可能就难过1年，而如果撞上宾利，可能要难过10年，这就是老司机。

小曦是我的好朋友，用我的话说，她是个八面玲珑的姑娘，任何人都不得罪，看上去和任何人的关系都很好。

小曦是唐山人，嫁给了地地道道的老北京人。据说夫家的外公曾经是个大人物，分得一间挨着西单很近的民房。公婆也有着北京人特有的傲气，但是对小曦还是不错的。

因为想着夫家的底子也不薄，房子早晚会拆迁，小曦结婚时就没有买房子，而是和老公住在西单的一条胡同里面。重新装修收拾后的房间虽小，但十分干净，一切也都很美满。

事情要从小曦事业转变开始。婚后，小曦追求自由的生活，于是就辞掉了500强企业的工作，自己开起了淘宝店铺，卖些工艺品和各种珠珠串串。

好材料的珠串卖得也很贵，比如好的沉香什么的，最贵的时候也有十几万的。总的来说，小曦的淘宝小店还是赚钱的，比上班自由，又比上班赚得多，与夫家亲戚朋友的关系也十分融洽。

小曦本着年轻就要多玩耍的心态，一直也没要孩子。尽管比老公还大2岁，可是会打扮呀，又会赚钱，老公也对她宠得不得了。加上小曦本来就是个八面玲珑的伶俐姑娘，更是把老公和公婆哄得合不拢嘴。

后来阿里除了淘宝外又推出了天猫，小曦的生意一落千丈。她本着自己底子厚点，也无所谓。但是她低估了天猫对小商家的冲击，本来1个月轻轻松松几万块的事情，到后来1个月一两千。这个打击对小曦来说还是挺大的，她想了很多种办法，都没有扭转至生意兴隆的状态。

恰逢这个时候小曦的父亲出了严重车祸，肇事车主还逃逸了。监控显示，她父亲骑着电瓶车正常行驶，然后飞来横祸地冲出来一辆红色小轿车把她父亲给撞飞了，然后车主逃逸。她父亲在重症监护室里整整5天都没醒过来。

小曦在电话里哭得稀里哗啦，问我："你说，我爸是不是再也醒不过来了？那个该死的肇事者到现在都还没有抓到，我们家已经报案了。"5天都没醒过来，看来是凶多吉少了，我心想。但还是安慰着小曦说："没事的，吉人自有天相。唐山大地震叔叔都活下来了，这次肯定也会平安度过的。"

后来在第7天，小曦的爸爸在重症监护室里醒了过来，人头脑是清醒的，但是以后需要永远地坐在轮椅上了，右手还打上了石膏。

小曦喜极而泣地给我打电话："我现在觉得特别值得，我把所有存款和店里的周转资金都拿来救我爸了。当时我是多么怕这些钱都花了也见不到我爸，现在我觉得特别值得，我没有遗憾。"小曦激动地说着。

但是小曦的父亲自从醒来后一直都很沉默，不愿意说话，既不去追查凶手，也没有死里逃生后和亲人之间的感动。

他特别沉默，在后来3个月的住院期间，小曦的父亲自杀过3次。小曦和妈妈吓坏了，只得日夜守着，生怕父亲做出傻事。小曦跟我说，父亲知道了以后再也不能走路，连生活自理都困难的时候，特别绝望，说为了不拖累她和妈妈，他应该早点死。

"他怎么能那么想呢？这一切又不是他的错，我们花了那么大力气去救他，他怎么能这么轻易放弃呢。"小曦激动地和我诉说着。我知道她很疲劳，也很无助，只能安慰她，让她坚强一点，多陪陪她父亲。

于是在后来的半年多里，小曦大部分时间都在照顾自己的父亲，生意处于无人管理状态，最后小店关闭了。

因为父亲的变故，店里的资金也都拿出来了，这时候夫家开始催促她生孩子。生孩子这件事小曦是一拖再拖，后来夫家那边传话过来，如果不生孩子就要离婚。小曦终于不再坚持，乖乖备孕生孩子。

这备孕、怀孕，加上生孩子，足足2年的时间过去了。在怀孕期间自然是百般受宠，公婆待她也是一如既往地好。小曦因为父亲的变故，彻悟了人生似的，开始只吃素食。

虽然她自己感觉吃得够了，但是对要怀孕生子的她来说，公婆是怎么也不同意的。孩子生下来后，婆婆就着重照料孩子了。但是孩子毕竟要吃奶水的，小曦因为吃不下荤腥，所以奶水也少得可怜。

开始时公婆还能好言相劝，到后来就是指责吵骂。小曦好像失去了原来的活力，再也不是那个八面玲珑的姑娘，可以把人哄得高高兴兴的小曦。

面对公婆的指责吵骂，她委屈倔强地噙着泪不说话。小曦变得越来越沉默寡言，不与外界联系，即便与我这么好的朋友也只是偶尔微信问候一声。

"我上周去看心理医生了，医生说我有重度抑郁症，让我吃药，并按疗程定期去看心理医生。我没有去，我不想觉得自己心理有病。"最近一次见面时，小曦悠悠地说。

"我其实没有表面过得那么好，我很多时候都不开心。在他们家，你不懂得，他们对我特别傲气。我经常都是顺着他们，迁就他们的脾气，他们还是不满意。要不是因为孩子，我现在其实特想离婚。"小曦继续说着。

"啊！离婚！还是不要吧，你想好了，现在出来工作可不像以前，现在很多公司里面很难混的。我们公司现在也是，里面人际关系乱七八糟，百分之九十九的都在想着拍老板马屁，就没有认真干活的人。你和他们家以前一直相处得很好，你再试试，可能是你生完孩子压力太大了，调节调节。"我坚定地劝着小曦。她如果这时候离婚了，孩子怎么办？她肯定要不到抚养权，就算要到了，拿什么养？

"我一直爱面子没跟你说过，在我怀孕的时候他出轨了。我给他洗衣服的时候，从他的裤兜里掏出了电影票，还有宾馆的账单，地址就在他们公司附近。"小曦看着我，静静地诉说着。

"当时我快生了，也不能离婚，就大闹了一场，他父母跟我保证不会有下次了。我老公也表态了，说是那个女的勾引的他。但是这样对我太不公平了。自从我的店关了，我爸出了事情，他们一家对我的态度都变了。我一直忍着、让着，尽量地改我自己的毛病。他们说什么、做什么我都支持。我现在和我老公是分开住的，一人一个房间，孩子跟我住。他就在自己的房间里打游戏、玩手机，因为我爸车祸花了家里的钱，所以什么事情我都忍着，顺着他们。现在这样的我好累。"小曦的眼里有泪水在打转。

我不知道现在的家庭中怎样才能处好一家人之间的关系，小曦显然走到了十字路口。我没有再劝她，而是告诉她作为朋友，她做什么选择我都支持她。

上个月小曦打电话给我，说准备重新开淘宝店，挣多少都行，但是得先开起来，慢慢养着。另外又报名了一个做烘焙的兴趣班学习，万一离婚了好有养孩子的能力。不能再处在一直服从别人的阴影下了，一定要重新给自己一片阳光，活出漂亮的自己。

你既不珍惜，我又何必停留

我的态度上有你的影子，即使我伪装得再好。

你怎么对我，我就怎么对你，看似简单粗暴，事实的确如此，如果不是有求于人或者被形势所逼，谁都愿意这样随心而活。

看过一则有趣的健身房广告文案：读书是为了跟混蛋好好说话，而健身却能够让混蛋跟你好好说话。一语中的，资本很重要。

有了资本才能拒绝妥协。

我辞职了，辞职信很短。我没有写很时髦的话，比如什么"世界那么大，我想去看看"，也没有在辞职信上抱怨老板和叽叽歪歪的同事，只是很短的一行字，A4纸打出来只有一行字，下面落款是我的名字和日期。内容是："尊敬的领导，我因个人原因，现申请辞职，望领导批准。"

说到我辞职既不是意外，也不是偶然，而是必然。从拿到第1个月的薪水时我就知道我可能被忽悠了，谈好的工资直接少了2000元，而且没有任何解释，对，一句解释都没有。我以为是初进公司有实习期，想着过完实习期就好了。

谁知道，我这一年干下来还是实习工资。俗话说，工资少点，工作环境好也行啊。我被分到一个还不错的工位，靠着大玻璃窗，累的时候往窗外瞅瞅还是不错的。以前的公司可没有靠着玻璃的工位，靠着玻璃的不是被老板办公室占了，就是被会议室占了，我们只能窝在没有自然风的室内，靠着排风扇通风换气。

这个公司是一个朋友推荐我来面试的，面试的时候和老板谈得极好。我说了我以前的工作经验，能做些什么，也要求了薪水。老板总是一句话，没问题。

我以为都谈好了，约了上班的时间。来了以后就什么都变了，我安慰自己，新工作、新环境总是要适应的，或许是自己的问题，应该以调整自己为主。

一进公司，我就被安排在现领导手下做事情。现领导是个老好人，干活机器，不会管理。我工作的1年里，印象最深的就是，别人不愿意干、不想干的脏活，永远是我领导接下来给我干。

我干急了，他就说同事间互相帮忙，你就干吧，他们不会干怎么办呢，又不能不干。就这样，我在现领导的威逼之下，一直干着各种脏活、擦屁股的活。

如果一个新的东西出来了，谁也不会干，老板会第一时间交给我们，等我们做得差不多了，该论功行赏了，然后就会有人很巧妙地把这些活接走了，然后躺在我们的功劳簿上，要多爽有多爽。

我记忆最深的一件事，就是一个活从资源配置和未来业务发展上是销售部最合适做，老板自然也这么认为。但是现在需要统筹各种资源和人脉呀，这个活交到销售部手里两个月，竟然没动工。

是的，你没听错，是没动工。他们说出了种种理由，来论证这个活很难干、没法干。老板不甘心呀，开会的时候看了看坐在角落里的我的领导和我："你们俩干，1周内我必须要见到结果，我要求1天至少5个以上的专家参与到我们的软件里面来。"就这样，在这种强压之下，我们又接手了一个别人不干的活。

我撇着嘴愤愤不平，嘟囔着凭什么这些事都是我们来干。人家干了两个月，凭什么我们就只给1周，而且手里其他活还不能停下来。我的领导撇了撇嘴，对我说："你那么多废话干什么，让你干就干。必须完成任务。"就这样，我带着满腹怨气开始了1周之战，在我加班加点、牺牲周末的情况下，1周后完成了任务。

"怎么就完成这么点，我说的是一天10个，你们怎么干的？"老板吼了回来。我低头不语，心想着，你想要我做更多活没关系，为什么用这么没有情商、这么无理取闹的方式呢。

于是我默默地滚回去干活了。在这里我感触最深的一件事就是，经常我加完班，从我们的小办公室里出来后，外面大厅里一片漆黑，下班的同事们以为没人了，把灯全关了。那时候心里总是空落落的，后来习惯了也就好了。

再有一次，我们做一个很重要的项目，文字、表格工作量非常大。我们几个人出差在宾馆里面，最经典的画面就是：我们几个人在一个屋子里，搬了张宾馆的桌子，我和我的领导对面坐着没日没夜地干活。房间是标间，两张床上分别躺了两个一起出差的同事。我和领导辛辛苦苦地讨论工作量这么大，先做哪个，再做哪个。而躺在两张床上的两人一个在努力"吃鸡"（一款游戏），一个半裸（男性）斜躺着煲电话粥，手里拿着遥控器，不停地换电视频道。

"不行了，来不及了，我这里肯定完不成，这么多人，你不能让大家分担一点工作量么！"我真急了，那次时间紧，任务重，是真完不成了。

"嗨！就你这样的就应该多锻炼锻炼，像我们以前如何如何……你呀，就是吃不了苦。"半裸男放下手机，一手拿着遥控器，一手掏着耳朵。

我差点一口老血喷出来，就这样，"吃鸡"兄和"半裸"男始终没有帮我们做前期工作，最后是我和领导呕心沥血地把活干完。人家占着出差的份额，还可以去领赏。这样子，是的，就是这样的，你要习惯。

又是一次出差，这次也是时间紧，任务重，我们依然在宾馆没日没夜地加班，然后老板临时派了个"财务大臣"过来，说来控制成本。

纳尼，是的，来控制成本的。令我印象最为深刻的有两个场景，第一个是：我在接待一些重要嘉宾的时候，在酒店大堂正在沟通下一步安排和工作时，我们的"财务大臣"对我大吼大叫，原因是她没时间给这些重要嘉宾安排房间，让我自己搞定。我急忙去前台要房间，安顿重要嘉宾。

"你们内部是不是有问题啊？"一位经验老到的嘉宾问我，我急忙摆手说没有没有，这种事在客户面前太丢人了。结果这哥们儿对我神秘地笑笑说："你记住了哦，我们这个行业的人是很会深入观察的。"我满脸流汗加尴尬。

还有一件事情，便是我们到了当地工作，当地的政府人员负责配合我们，他们协调诸多部门，很是辛苦。

领导打电话给我，让我专门安排一桌好一些的饭菜招待人家，这件事不知道怎么被"财务大臣"知道了，我正陪着几位当地领导吃饭呢，"财务大臣"就在电话里冲我吼起来："你就知道给一帮不干活的人安排好的饭菜，为什么让我吃自助餐，你有病呀！他们干了什么，贡献了什么？你给他们安排好几百一桌的饭菜？"我生怕被同桌吃饭的人听到，捂着电话跑出包间小心翼翼地解释。

当天我递交了辞职报告，领导找我："你看看，这么多人里面，都是不干活的，就你帮我干点活，你现在要是走了，这个项目我也干不下去了。"领导可怜巴巴地和我谈。

"关我什么事情，公司里面这么多有本事的能人，多我一个不多，少我一个不少。现在难的地方全弄好了，正好是分功劳的时候，我什么都不要，全给他们。你尽快招人吧，好把我手上的活交接出去。"我冷冷地说着。

"你走了谁干这么多活，他们都是嘴上说得好，嘴上厉害！你让他们写个新闻稿试试，让他们写个项目策划案试试，写个宣传方案试试。现在弄成这样，我也很无语，我知道你是气不过很多事情。能不能看在咱俩相处还不错的分上别走了。明天老板说找你谈话。"领导苦口婆心地劝说。

"一般公司辞职期限是1个月，这1个月我会帮您处理相关事宜。"我微笑着回应领导。

你既不珍惜，我又何必停留。

事后后悔，不如提前预防

"都考试完了，谁还复习啊！"

我的这位男性朋友有点委屈，在追女孩的过程中，他绞尽脑汁，使出百般花样，追到手之后就原形毕露，女孩失望，随后分手。

忘了张嘉译在哪部电视剧里说过这样一句话："如果不能好好对待人家，那么一开始就别装。"一开始把所有的力气都用上了，无论后面如何困难，只能对人越来越好，如此才能长久。

这种情况特别常见，人总是习惯拥有后忽视对方的价值。我要说的是，考试完了也要复习，而且要加倍复习，维持并非一成不变，而要懂得不进则退的道理。

我们遇到美好的事情、美好的人都希望时间能停留。遇到分别离开，或者即将逝去的东西，也都希望能够继续下去。

但是时间从来不会停止，人和事物也都随着时间、环境的变化而变化，我们无力改变环境，更无力改变自然，所以多数人在一定岁数后，或多或少都有一些遗憾或者后悔。

这要从几个角度来说，拿人生病的事情来说，有很多人年轻的时候拿命换钱，总以为自己还有很多时间，还有很多机会，可到后来真的生病了，赚来的钱却不够换命。

举个例子，就说我妈吧。农村妇女不懂得保养什么的，对她来说吃得饱、穿得很体面就是好日子了。我妈特爱劳动，家里地里很多活都包了，像是不知疲倦的机器。我们一劝她，她就说自己身体好着呢，劳动劳动对身体也好。

我们也就没太管了，殊不知我妈怕给我们添负担，一个人默默扛下了很多。让我记忆深刻的，有几次下着暴雨，她怕庄稼被水淹了，扛着锄头就出门了，因为风大，伞也撑不住，我妈就穿着拖鞋，搭了一件破外套出门了。这种事屡屡发生。

我们农村种植水稻，插秧季节大家天天不穿靴子，赤脚泡在水里。

前几年，我妈病了，反正哪里都不好。她住院了，总的来说医院查不出她具体的病情，反正就是浑身哪里都疼，身体哪里都不好了。而这些病又不好治疗，用医生的话来总结一下病情就是："你母亲这是更年期综合症！"好吧，那时候看见我妈落寞地躺在病床上，还坚强地跟我说她没事。

我的眼泪哗哗地流，我查了很多书，问了很多人，打听了很多大夫，才知道更年期综合症是比较不好治疗的病情，好的很快就好了，而恶化的话，可能从现在开始身体就会每况愈下，很难好了。

从这一刻开始，我才发现我从来没有好好关心过母亲，在她躺在病床上呻吟的时候，我束手无策。

老妈终于在住院 1 个月后，医生准许出院了，但是各种病情仍然存在。我心里慌了，我妈还这么年轻，我不能在这个年纪失去妈妈。如果说因为年老自然而走我也许会接受，但是如果她是被病痛折磨而走，会是我一辈子心里迈不过的槛儿。

从那天开始，我看了很多关于中医的书籍，也看了很多养生的书籍，请教了很多中医大夫。最终，结合大夫看病，加上我给母亲做的各种理疗，我妈竟然渐渐康复了，而且身体恢复到生病以前的状态。

那时候我不在家乡工作，我每个月都会请两天假，配合周末，回去给母亲做各种理疗。我学了各种中医通经脉的手法，亲自给母亲按摩，根据母亲病情的分析，找了理疗的方子。

每次回去我都会用大锅熬煮用艾草、生姜、花椒等配的药水，给母亲泡药浴，以便排出体内的寒湿有毒之物。母亲每次泡完药浴，我都会再熬煮清淡的粥，有时候加点红枣让母亲喝。

我不在的日子里，就给母亲备了保健枕头、艾灸盒，以及各种补气的中药饮品。

那一两年我绝大部分精力都花在母亲的病情上，好在功夫不负有心人，母亲的身体恢复到从前，虽然不能说健步如飞，但是已然没有任何痛苦。

这些年我一直在反思，倘若我能够早一些关心母亲，早一些注意到母亲身体的变化，早一些让她保养，母亲是不是就不用受那么多罪？

我总认为母亲身体好，没事的，也总认为我们还有很多很多的时间。但我却忘了，所有长久的美好都是一点一滴经营出来的，以前的我只知道消耗现有的一切，包括母亲的身体，所以才会出现母亲如何住院都无法痊愈的状态。

身体的健康是需要长长久久地经营，而不是一味地消耗。其实感情也一样，我认识一对离婚的夫妻，男的叫张一，女的叫晓晓。离婚前我们关系非常好。

在外人看来，他们十分般配，男人高大帅气，女人也漂亮能干，家里家外都打点得非常好。结婚不久，最明显的是男人有了幸福肥。

他们后来有了孩子，我和朋友们都特别羡慕这一对。但是在女儿上幼儿园那一年，他们离婚了，是女方坚决要离婚，谁劝说也听不进去。开始我们都以为是出轨，对张一满满的同情。那时候晓晓已经不怎么和我们联系了。

一次出去办事，竟然在一座办公楼下面遇到了晓晓，作为熟人，我自然不能装作看不见，于是走上去打招呼。

"一会儿就到中午了，你办完事有空吗，边上有个咖啡厅，我们坐坐好吗？"我没想到她会主动约我坐坐，我以为她会躲着我们一帮朋友。

"你知道我和他离婚的真正原因吗？"晓晓开门见山地问道。

"难道不是你坚持要离婚吗？现在张一每天喝酒醉生梦死的，过得也不太好。"晓晓的话让我心里燃起个大问号。难道不是我们认为的那样吗？

晓晓轻笑着说："他下次再装得可怜兮兮、醉生梦死的样子，你帮我问张一一句话，在我们的婚姻里他做了什么？在我们的家庭里他做了什么？一个家庭的维护和责任是两个人的事情还是一个人的事情？"

至此，我终于明白，他们离婚不是出轨，而是另有原因。在与晓晓的聊天中得知，她真的很爱张一，要不然那时候也不会不顾家人反对，执意嫁给张一。

结婚开始，张一还比较收敛，晓晓做饭，他会洗碗，吃完饭会陪晓晓散步。晓晓也乐得张一陪着，两人确实过了一段时间的幸福日子。

但是半年后，张一就不再关心晓晓了。晓晓上班有时候也会很忙，但是不管多晚到家，张一总是窝在沙发里打游戏，连口面条都不会煮。开始晓晓说一说，甚至发发脾气，张一还能敷衍地去做，但是也是不用心，不是咸了、淡了，就是不熟，总之什么情况都有。

晓晓出差学习回来，家里跟被人抢劫过一样，不管晓晓是多晚到家，如何疲累，都要拖着疲惫的身子去收拾家里。

中国式婚姻最可怕的现象出现在他们身上了，男人不是找媳妇，而是找个可以陪睡觉的保姆。晓晓哭过很多次，但是很快就原谅了张一。

下定决心离婚是因为有了孩子以后，晓晓发现女儿出生后，张一不但没有转变，而且变本加厉。晓晓一边工作，一边还要照顾两个"孩子"。与张一无数次沟通无果后，晓晓坚定地离婚了。因为晓晓说："照顾一个孩子，总比照顾两个要轻松一些。"

我沉默地和晓晓分开出了咖啡厅，从来不抽烟的我突然想抽支烟。

1周后，一帮朋友喝酒吹牛，张一一如既往地喝闷酒，不管别人敬不敬酒，他总是倒一杯，"咕咚"一口喝下去。

我坐在他旁边，静静地问了他一句："你现在这般自暴自弃是因为离婚吗？我想问你，和晓晓在一起的日子，你用心经营过你们的婚姻和家庭吗？"

张一醉了的眼睛浮上一层雾水。我无意去刺激张一，但是一个人在得到的时候不珍惜，失去后又这般自暴自弃，是该反省反省了。

放下委屈，学会笑看人生

有人说人类的大脑功能只开发了 20%，而我却只关心脑袋的容量。

以我自己来举例，如果是开心的事情，脑袋能装好多，而且记忆力很强；如果是难过的事情，一件或已足够。

看到过很多网络上的新闻，外卖小哥在电梯里大哭，我想工作中的一件事情尚不足以击垮一个人的情绪，可能是多种不顺利的结果造成的。

别把不好的事放在心上，因为你装不下。

"沧海笑，滔滔两岸潮，浮沉随浪记今朝！苍天笑，纷纷世上潮，谁负谁胜天知晓。江山笑，烟雨遥，涛浪淘尽红尘俗世知多少。清风笑，竟惹寂寥……"好吧，我知道听这首歌的人暴露了年龄，又暴露了历经沧桑后的豁达。

"你喜欢听什么样的音乐？"我和风一起走在一条不知名的山中小路上。

"我呀！当然是古琴，虽然不会弹，也不会品，但是我最喜欢《卧龙吟》和《幽兰》。喏！你看我的手机铃声总是在这两个曲子间在切换。我听歌的时候喜欢单曲循环，一首音乐往死里听，但是仍然不会唱，不会弹。"我掏出手机打开音乐。

第五辑 与这个世界相处，你必须勇敢

"换一首，换一首！你这都太软绵绵了，我喜欢豪迈的歌曲，就像我这人一样，来首《沧海一声笑》吧！"风，我的挚友，她人如其名，风一样的女子，风一样的性格。

风是个神奇的女子，出身于有背景的家庭，"985"高校中文系毕业，又考了研。相比于我这种本科生来说，牛得一塌糊涂。风从小就能力超强，凡事都是名列前茅。就这样的家境、这样的学历，她既没从政，也没从商，而是去了一般企业找了个销售的工作。1年后，成为总公司的销售冠军。那时候我心里默默感慨，不管把她放在哪个位置，她貌似都能够闪闪发光。

看着闺女过得还不错，老父亲也就不去操心风的事情了，随她去吧，女儿大了有自己的主意。所以风过得还算相对自由。

风这样总是闪闪发光的女子，追求者不但多，而且质量极佳，有高大帅气的飞行员，有政商界的精英。

风对待男人从来都是鼻孔朝天，可能太有能力且独立的女子都有自己的骄傲吧，因为她从任何角度都不需要依附男人，所以不用隐藏自己的真实想法，不喜欢就是不喜欢，没什么好多说的。

最后谁也没想到，风嫁给了一个画家，不出名的画家，也可以说是潦倒的画家。在四方震惊加父母还没反应过来的时候，风和画家举行了最简单的婚礼。

那时候他们租住在通州一个老小区，我去过他们的家，几乎没有装修，里面的床、桌椅，任何家具都是发黄的老古董。

家里最醒目的莫过于风的书柜，满满当当的。这个家再也没有什么醒目的地方了。风从来不带父母来家里坐坐，但是经常回去看二老。每当二老问起来，风总是轻描淡写地说自己过得很

好，不用操心。"

结婚第3年，风和画家按揭买了期房，开发商说1年后交房。房子交到手里，还没装修，风和画家就离婚了。他们的离婚和结婚时候一样安静，当我们一圈朋友知道的时候，二人已经办完了手续，卖完了房子，把房款给分了。

在我们一群人还在酝酿要不要劝他们复合的时候，风消失了，谁也不知道她去了哪里，包括二位老人。

就这样，我们所有人失去了风的消息。开始还有期待，后来2年以后我们都淡忘了风这个人，大家各自忙生活、忙工作、忙恋爱，忙得不亦说乎。我们一起笑闹、一起看书、一起经历各种各样的人生。

我因为一次意外，被坏人利用善良和道德绑架，搞得负债累累，还因坏人连累进了几趟派出所，又生了场与死神擦边而过的大病。那时候有些朋友远离了我，而我也不愿意与人解释我是多么无辜、多么受害。而是一个人缩在出租屋里静静地疗伤。

"听说你现在有点不太好，来找我玩吧！我在秦岭山脉的一个地方开了个小茶馆。这里很好，我给你买票，你来吧。我想你了！"一个陌生的电话号码中响着风的声音。

我没想到再次知道风的消息竟然是在这种境遇下，在所有人都远离我的时候，她像个隐形人一样出现了，像我们以前还是非常的亲密无间般随意。

就这样，我来到了风的小茶馆。她这茶馆没什么特色，就是有什么茶就卖什么茶，一杯一杯地卖。说实话，这个茶馆真是冷清，几张老旧的桌椅被擦得干干净净，我来的第一天一个客人也没见到。

第五辑　与这个世界相处，你必须勇敢

"是不是很奇怪我会给你打电话，其实我也不知道你的事情。这么多年过去了，想着二老总要关心的，就给家里打了电话，从妹妹那里知道了你的事情。我一听到就很生气，这帮人眼瞎呀，这点事都看不出来。你是被坏人陷害出卖了，这么点破事竟然不理你了。不过我也了解你，你是懒得解释。"风瞪着眼睛，她比以前瘦多了，人也黑了，但是眼睛亮亮的。

我扯了扯嘴角，不想多说什么。风总是那么风风火火，先是带我去赏了几处美景，然后又回到她的茶馆喝茶。

一天接触下来，我才知道风这个茶馆为何生意如此惨淡，也知道她开茶馆并不是为了挣钱。

那年他发现画家有些反常，就注意观察，后来竟然发现画家在结婚后出了轨。风心中说不出的恶心，第一时间提出了离婚。画家自然不同意，只是一再地和风解释，因为在他心里风太至高无上、纯洁无瑕了，所以夫妻生活时不敢做任何出格的事情。就这样，倒是变成了出轨的理由，真是无耻的理由。

风默默地听完解释，什么话都没说，1个月后，风摊开一个大信封，里面是画家各种对婚姻背叛的证据。风要求和平离婚，房子卖了平分，以后各不相欠。画家如果还不同意，这些材料会送进法院。就这样，画家自然选择了前者，他们和平离婚了。

风想不通她如此优秀的一个人怎么会落到这种下场，于是不想活了。从网上看到有人穿越秦岭，风不知道自己能否活着穿越完秦岭。她写了遗书，跟随几个穿越党进入了秦岭深处。这几个都是人生经历过大挫折、万念俱灰的人。

最后风活着出来了，但是她再也不想回到那个伤害过她的城市，想到某些事至今还觉得恶心。风把卖房子的钱捐了一半，另一半钱在秦岭这儿开了个小茶馆。

　　这儿是穿越秦岭的人必经之路，因为已经远离城镇，所以物资稀缺。当初风就是从这儿进的秦岭深处，走到这里的时候，身上物资已经出现短缺，那时候她倔强地进入了深处。出来后就开了这么一家茶馆，其实另一个作用就是给那些进山的人做个临时补给站。还有就是这儿经常路过一些行脚的僧人，风最喜欢和这些僧人们倾谈各种人生哲理。

　　她总是会留这些僧人多待一天，收拾出一间小屋招待他们。偶尔也会为客人煮一份面条。山上的艰苦条件，一碗热面足矣！

　　我看着风亮亮的眼睛，猜不透她在想什么，这个风一样的女子，总是坚守着自己心中最纯洁的地方。尽管遭遇到一些不如意的事情，也能冷静处理。

　　看到她如此，我也释怀了自己的种种遭遇。是啊，人生本就是曲线，有了开头，除了死亡，我们无法知晓这中间会发生什么。所以无论遇见什么人、什么事，吃亏也好，委屈也罢，都需要我们真正学会笑看人生。

不能改变世界，却可以守住自我

活着需要仪式感，如果我感觉不到优越，那么我就会失落。

别笑，大多数人都一样，只是有轻重之分，有时候，我在想，是不是这种优越感在推动着人类的进步？如果以这样的形式释放，那结果还不错。

如果我们为此而大伤脑筋，耗费精力，那大可不必。留意了一下朋友圈，这样的事是存在的，明明在家睡懒觉，朋友圈的照片却在国外旅游；明明勉强温饱而已，朋友圈却过着奢侈的生活；明明很朴素，朋友圈却塞满了各种名牌……

在如今这个浮躁的世界，各种攀比屡见不鲜。公司里的女同事们变着花样地攀比着名牌衣物、首饰、化妆品，去了什么高档餐厅，等等。刚开始时为了合群，我只好违心地附和着。但是渐渐地连我自己都恶心自己的虚伪附和，勉强自己做不喜欢的事情实在是太难受了。

我不是不喜欢名牌、首饰、化妆品，而是不喜欢以这样的方式来炫耀，貌似想让全世界都知道你吃了顿法国大餐，想要全世界都恭维你穿这件衣服好看。这也太虚假了吧，虚假得让我望而却步。

我并不是个多么高尚的人，有时候与人没有共同话题时，更愿意一个人独处去思考。我从上小学开始就被教育着人人平等，后来意外有幸经常倾听一位禅师的教诲，于是根深蒂固地认为这个世界人人平等，少欲知足就是快乐。

或许大多数人都有和我一样的感受，所谓的平等只是理想主义的幻想罢了，我们被教育平等，我们被教育要有一颗平等的心，包括善待任何小动物、小生命等。可是我们却忘了，这个世界本就失衡，一切的资源配置也是不平等的。任何一个群体都会出现一种状态，就是得不到的永远在躁动，被偏爱的永远都有恃无恐。

事实上，我们都希望自己是被命运偏爱的那个人，但遗憾的是，人的欲望是无止境的，即便暂时被偏爱了，可总想要得到更多，久而久之就会觉得自己不被偏爱了。

我很喜欢近年来流行的极简主义生活方式，虽然我个人没有做到极简主义，但是我一直在往这个方向努力。极度的极简主义我倒是不赞同的，因为生活总要有些色彩。过度的浮夸，无法控制自己的欲望更是不可取的，因为我既没有可以拼的爹，又没有年薪百万的老公，一切都需要靠我自己来打点。所谓的秀生活，我一直认为不是秀给别人看，而是每时每刻让自己在生活中处在舒服的位置。

所谓的舒服，其实就是一种状态。比如我总喜欢在餐桌上摆放一个小花瓶，季节合适的时候插上一朵鲜花，有的季节鲜花很贵，于是我就干脆放上一棵带根的植物，总之能感受到生命的气息就行。这个小细节并不是要多少钱才能做到的。

我会在阳台的花盆里种上牵牛花的种子，让牵牛花顺着阳台的栏杆爬满，既可以遮阳，又赏心悦目，而且这个还不要钱，只需要经常浇水打理便好。

我们生活在这个物质过剩的时代，不幸但也有幸地与转基因食品生活在了一个年代，因为转基因食品，食物的价格并不昂贵。（我十分不赞同转基因食品，但是如果我们每个人都不浪费，非转基因是否够我们所有人消费呢？）

我经常看见有些人家一大袋子一大袋子地把食物扔进垃圾桶，是啊，这些东西没有多少钱，而过期了人吃了总会不好，于是就扔了呗。最浪费的还是餐馆，客人点的大盆的鸡鸭鱼肉，一盆一盆地倒掉。这些鸡鸭鱼肉也许得来的太简单了吧，因为我们手里有钞票，所以浪费也就天经地义了。

曾有数据显示，中国人每年浪费掉的食物够2亿人吃1年。我不知道这样一个数字的组成中间包含了多少内容，有多少人的面子、炫耀？这些也还好，最可怕的是得到得太容易，没有人会尊重食物，尊重他人劳动的成果。从小学习的诗文，我不知道在如今的年轻人和孩子中可还有感触："锄禾日当午，汗滴禾下土。谁知盘中餐，粒粒皆辛苦。"

这个稍微一犹豫就会被全世界甩在身后的时代，的确需要时时刻刻地学习，分分钟钟地接受新的东西。比如现在不会用微信、支付宝的人，哪怕拿了一张钞票去买煎饼，人家都未必会有零钱找给你。我们生活在信息爆炸，新技术飞速发展的今天，的确是不敢有任何的懈怠与散慢。

我们花很多时间去和这个新世界沟通，生怕别人聊的哪个名牌自己没听过，又生怕别人说的哪个网络名词自己不知道。

我们太在意外面的人、外面的事、外面看待我们的眼光和方式。我们把自己完全地交给了这个时代的洪流，就像一条正在奔流的波澜壮阔的大河，我们在河里沉沉浮浮随着鱼群游向不知道名字的远方。

我们只是人，这个洪流里最普通的人，只能浑浑噩噩地像鱼儿一样顺着这河流飘去。没有思想，没有灵魂，因为我们要把所有的时间去适应外在的一切，怎么还会有时间和精力来思考人生呢。

若说思考人生，大概有两种人可以吧，一种是遁入空门的僧尼，他们可以专心地去体悟人生；另一种就是已经不需要再为生活奋斗，暂时放下欲望，静静地去思索人生的人。然而我两种都不是，我需要一边挣扎着适应外界的洪流，一边却要从内心深处真的明白这个世界从来没有公平。其实最需要的是我们调整好自己的心态，因为我们并没有改变外在环境和改变世界的能力。

想通了这一点后，我们对待各种事物或者不公也就没有那么多怨言了。反而是在自己能掌控的范围内，把自己的生活、生命装扮到最好的状态。比如用餐，再也不会买回来成堆成堆的食物，而是尽量地在自己经济范围内选择健康的有机食品，不需要多，一点就够。我们平常太喜欢准备很多食物了，但是人的胃其实只有拳头大小，实在不需要吃过多消化不了的食物。

我是很讨厌日本人的，但有一点我是很欣赏日本的文化的，不过这貌似也是我国唐朝传过去的。那就是用餐的仪式感，以及他们把食物处理的精细程度，量小，精致，摆放美观。

我不吃外卖，因为吃一口，那种油腻就会让我感觉想吐，所以在食物上，我会尽可能地在有限的环境里让食物精致起来。另外就是家中用不上的物品，就逐一送了人，或者擦洗干净后，包好了放在垃圾桶边上。这样就会被需要的人捡走，这样也少了些浪费。

至于衣物，我会尽量买些可以多种搭配的衣服，在我的经济范围内尽量舒服就可以了，而不是买一堆穿了1个月就扔掉的衣物。

这样家里看上去不那么拥挤的同时，也会自然地感觉到舒舒服服的。在受到外在环境影响严重的今天，回到这样一个小空间，也算是疗愈自己心情的港湾了。

我们没有办法改变外部的环境，但是我们可以尽自己的努力让自己处在舒服的状态。

把事看小，他们不值得你垂头丧气

别人强加给你的，你要学会拒绝；你自己强揽过来的，那么显露无能为力的情绪或是很多的烦恼，就没有必要了。

天空飘来五个字，"啥都不是事"！在这压力巨大的时代，大多数人都背着沉甸甸的包袱，工作、家庭、学习无一不是压力的根源。

有句话是这样形容人生的："上帝给你关上了一道防盗门，还上了一把铝合金的锁。"

若说人背吧，还真是遇人也不淑！本来和彭姐是不错的朋友，而彭姐手下正好缺人，于是好说歹说地让玲子去上班，玲子实在拗不过彭姐，就去上班了。

彭姐供职一家公关公司的高层，每年业绩斐然，老板赵总对她也格外客气。但是有一点奇怪的是，彭姐手下永远都留不住人。这一点公司赵总也很无奈，无论配什么样的人，在彭姐手下都超不过两个月就辞职走人了，好一点的会要求换部门或者领导。

赵总这人吧，其实啥事都清楚，也知道彭姐可能在有些地方做事不够妥当，但是老板以公司利益为重，你一个新员工又没给公司带来什么利益或者价值，而彭姐就算有点小毛病，但是人家给公司带来单子了呀！所以无论来来去去走了多少员工，彭姐还是稳坐钓鱼台。

玲子以前不了解工作时候的彭姐，来了之后才发现一件事，就是全公司都用意味深长的眼神来看着她。

彭姐是个不太会教新人的领导，她只是把工作交代下去，但是不会告诉你怎么做，而且每件事都要得非常急，必须马上做好，别人喝口水，上厕所时间长了点她都觉得别人是在偷懒。

工作中的彭姐像换了个人，宛如魔鬼附身，什么事情一旦没达到她的预想，不是批评，就是各种没有原则的辱骂、责难。

上班1周，玲子筋疲力尽。她找彭姐聊了聊，彭姐意识到是自己控制不了大脾气，和玲子解释自己工作的时候总是无法控制住脾气，而且莫名其妙地会恨别人，认为别人没有认真工作。玲子满腹委屈，1周下来有4天是晚上22:00以后赶末班车回家的，却还是被说成因为不努力工作而被领导记恨。

彭姐在公司有个习惯，就是老板只要说一件事，不管靠不靠谱，彭姐都会接过来，而且承诺做得更多，一有这类事情，其他几位领导都莫不作声，让彭姐自己接过去。

彭姐已经接下了成堆的工作，然后就会逼迫玲子来完成。当玲子苦兮兮地做出来的时候，彭姐就去老板那里邀功，仿佛在说："看，公司里的活儿都是我做的。"

别人都了解彭姐，也都懒得争，大家拿一样的工资，你愿意多做去讨好老板是你自己的事情，别人只踏踏实实地把自己手上的事情做好就可以了。

别人不参与其实还有一个原因，那就是因为彭姐应承的事除了在老板面前占个勤快之外，很少有给公司真的带来利益的，所以她也从来没有因此拿过奖金。

老板赵总指点过彭姐几次，提醒她工作和做事方式都需要改进，但是彭姐听不得别人的否定呀，立马委屈地和赵总一堆抱怨和解释，讲自己如何如何为公司着想，如何如何辛苦。于是赵总再也不指望彭姐能改变一些作风了。

玲子的苦恼就此拉开了序幕，每天从早到晚没有间隙，经常吃不上饭。刚开始她以为真的是工作特别忙，后来发现彭姐让她做的都是重复性工作，许多事情都反复无数次了。她们每天都是公司下班最晚的人，赶着末班车回家。但是玲子仍然在坚持着，因为她习惯地从自己身上找原因，或许是自己还不够努力，事情的效率才会这么差。

1个月后，玲子额前多了两根白头发，眼睛周围一片乌青，这是长期不好好睡觉造成的，这些倒是还好。玲子觉得自己都处在身心崩溃的状态了，去八大处烧香祈求能转转运，那天八大处的古塔前面有人论道讨论，玲子也站在边上看热闹。

她浑浑噩噩地什么都听不进去，但是却听了一句话："在生死面前，其他都是小事。"虽然这句话貌似和玲子现在的处境没有任何关系，但是玲子还是如同被撞击了一下心灵似的。

对啊，玲子像是茅塞顿开了一样，微博微信的朋友圈中各种鸡汤，有一条就说得很好，人从生下来开始，除了能预见死亡外，其他都不能够准确地预见，谁也不知道明天一定会发生什么。

这一刻玲子觉得彭姐也没那么可恨了，彭姐是太渴望成功了，太渴望在赵总面前表现自己无所不能，她的欲望覆盖了自己所有的理智，一旦达不到就会不择手段，就会口不择言地伤害身边的人。这都是小事，不值得自己垂头丧气，人总不能用别人的错误来惩罚自己，自己尽力就好。玲子可以去理解彭姐，但是一定不能被她的一切所左右，这样会每时每刻都生活在水深火热中，因为你永远填不满别人的欲望。所以她人做的一切善事、恶事，都不能成为让我们垂头丧气的理由。我们首先要做到的是做好自己，无愧于心即可。

想通了这一点的玲子心情舒畅多了，但是后来她还是离开了彭姐，离开了公司，因为这关乎尊严。

这是玲子入职半年后的一件事，玲子陪同彭姐和另外两位策划人员一起出差去南京投标提案。这个案子是烟草公司对广告的招标。

本来准备得都很充分，但是却意外落标了。当场没有公布结果，在玲子他们回到北京的第2天，对方打电话告知他们没有中标。那天玲子不知道发生了什么事情，赵总的脸色铁青着。

晚上23：00以后，玲子已经睡觉了，却意外接到了彭姐的电话，彭姐说了一堆埋怨的话，然后告诉玲子，这次出差费用赵总不给报销，原因是他们花钱超了。彭姐支支吾吾地说这里面有贪污。彭姐问玲子为什么贪污？玲子蒙了，贪污，自己买瓶水都是问过彭姐可不可以买的，如果说一定有不该花的钱，那就是策划人员晚上改方案要一个插线板，当时没有小店面，超市插线板60多元，但是也有票据。

2012年4个人出差，动车票加住宿两天，还有吃饭，花了2000元出头，然后说玲子这里有贪污。其他的辱骂什么的都是在鞭策自己工作进步，这一次真的是人格侮辱了。

玲子与彭姐说不清，因为彭姐从来不会去想一件事该如何正确处理，她最好的处理方式就是把责任推给玲子。

凌晨00:30分玲子发出一封邮件，邮件发送给了赵总，抄送给了彭姐，内容是："赵总、彭姐，这次出差去南京的是彭姐、我，以及两位策划共4人，时长两天，来回火车票共1200多元，4人两晚住宿共500多元，4人六顿餐费是400多元，另外买了插线板60元，并已带回公司，属于公司资产。总额2200元不到，既然公司认为我贪污了，那么为了证明我的清白，此次出差费由我个人承担，请从我当月工资扣除。另外附上辞职信，请两位领导批准。"

据说第2天赵总大发脾气，觉得自己特别没面子，不过是对彭姐发的脾气，玲子不知道。但是彭姐找玲子谈了一整个下午，一边数落玲子不该给赵总发邮件，一边说让玲子不要走。

这次玲子没有动摇，因为这关乎清白和尊严。后来玲子从其他同事那里听到了事情的原委，是因为彭姐其他地方做事过分，这次又没中标，赵总是要拿这件事敲打敲打她，结果彭姐为了把责任推卸给玲子，就出现了这样的结果。

但是他们俩谁也没想到平时逆来顺受的玲子，这次反应如此激烈。赵总觉得自己被打了脸，彭姐觉得自己的小九九被拆穿了，双方都很难堪，更没想到会损失一名员工。

玲子并没有生气，她只是不会再用彭姐的错误来惩罚自己，因为清白一旦失去了，就再也没有了。这是污点，她不能有。

第六辑　矫情不能当饭吃，未来还得受着

小时候，我们的哭泣纠结着父母的内心，他们会很快满足我们；长大后，我们的哭泣却换来世界的鄙视，这很正常。

我们开始拒绝矫情，面无表情地和这个世界抗争，因为哭泣除了让你的样子有点令人尴尬外，没有任何意义。走过困苦与艰难，有点小成绩，我们才可以微笑。

于是，我们学会了面无表情，我们成为了孤胆英雄。不管怎么说，我们还有很长的路要走。

即使烦恼，也要准时关灯睡觉

堕落、烦恼、喜欢在夜里开灯睡觉，我的愁绪好像比海更深一层，那个时候我感觉自己是世界上最不幸的人。

"孩子，该吃饭了。"

"不吃。"

我要告诉我的父母我非常不幸。

"走啊，一起去逛街！"

"不去，烦着呢！"

我要告诉我的朋友我很烦。

我要告诉全世界我的不幸，但很多年过去之后，我却无处诉说。

"少年不识愁滋味，爱上层楼，爱上层楼，为赋新词强说愁。而今识尽愁滋味，欲说还休，欲说还休，却道天凉好个秋。"

若是能幸运地过一生，没有人会选择不幸。但若是这一生都是幸运的，你人生的这一本书就只剩下了单薄。所谓的经历，是人生最宝贵的财富，那这经历也就包含着苦痛、挫折、不幸等。只有经历这些，你的这一本书才值得一读再读。

在我的认知中，一帆风顺的人生就是一条直线，可以一马平川走到底，但也有些无趣；而经历波折的人生就是抛物线和曲线，虽然有些颠簸，但至少经历过不同的轨道。每个人都有遭受挫折的可能，但不代表每个人都有熬过挫折的勇气。

瑶丫头是我童年最好的玩伴，我们两人应是从穿开裆裤时就玩在了一起。瑶丫头的妈妈患有先天性的疾病，不能从事太重的体力劳动，爸爸要一个人养家，于是长期在外地打工。小的时候，她就显得比我们其他的孩子都更懂事。每天放学之后，她都是先回家里写作业。和我们玩一会儿之后，她就得回家陪妈妈做饭、做家务。

我印象最深刻的是，她家里有一块大的玉米地是主要的经济来源。到了玉米成熟的季节，瑶丫头基本上就老是在玉米地里了，经常把自己晒到受伤。到了农忙的时候，割稻子、插田的活都不在话下。所以，她是个十足的小黑妹。

虽然比别人承受着更多的生活的压力，但是瑶丫头性格很开朗。他们一家人都相信苦日子总会到头，只要两个孩子将来能独立自强就是好生活的开始。

那些年，瑶丫头的学费基本上是靠争取奖学金，这一点成为了父母的骄傲。高考那年，父母也没有多担心，因为瑶丫头的成绩一直很稳定。

然而就在全家人沉浸于瑶丫头将成为一名大学生的喜悦当中时，当头一棒也降临在这一家人的身上。在入学体检的时候，瑶丫头因为肺炎被学校要求休学治疗。家里把能拿出来的钱都给她垫了医药费，高中和大学的学校也对她进行了一定的帮助，我们这些同学当然也是全力为她奔忙。但从小到大什么苦都没让瑶丫头倒下，这一次她却倒下了。

从确诊之后，我几乎没有看到过她脸上的笑容。在我去医院看她的时候，她捂着脸痛哭起来："我从来都没有要求过上怎样富贵的生活，我只想一家人平平安安，让我们的父母能过上好日子，怎么就这么难呢？"

我不知道用什么语言来劝慰她，因为她这些情绪都是合理的，她需要发泄。

读大学以后，我试着每周给瑶丫头寄一封信。在信中，我和她分享了大学的图书馆、校园的景色、学生的活动，还有关于我的那些梦。当我写到第五封信的时候，我接到了瑶丫头的电话，让我有时间去看看她。

这次见到的她和上次的状态完全不同，迎接我的是她小时候最常见的笑容。

"谢谢你每周都能给我写信。上次对你说那样的话很抱歉，可能是我一时没有接受这个现实。但我发现我越那样想，我的生活似乎就越好不起来。这几周，我想得很清楚，既然一路以来的苦都熬过来了，我怎么能倒在幸福大门的门口呢！一直以来，你们欣赏的不就是我这股劲吗，我可不能泄了。我相信什么，我就能做到什么！"

看着这个回到以前那般乐观的女孩，我打心眼里为她高兴。这一次，她又为自己争取了一次重生。这之后，她借阅了大学的教材在养病期间自学，经常会主动问我在学校的情况，会设想她将来在大学的生活。

1年之后，她重新走入了她梦想的起点。如今的她在一家私企工作，过着自己安定的小生活，而她的妹妹也正在读着大学。

生活不会一直苦下去，也不会一直眷顾着你。你能过最好的生活，也一定能承受生活给予你的考验。瑶丫头是不幸的，生活让她承受了太多的苦；瑶丫头又是幸运的，这些苦与挫折磨炼了她坚毅的性格，并且让她更珍惜当下的幸福生活。

与瑶丫头相比，我们的那些小挫折何值一提。考试失利了，和朋友吵架了，小伤小病了，这本是最平常不过的事情，然而我们却非得无病呻吟，让全世界知道我们遭遇了多大的苦痛，然后来证明自己的坚强。

而真正的挫折来临时，我们却那么不堪一击。在挫折面前，有人选择逃避，用暴饮暴食来寻求释放，用失踪来证明存在感，用放弃生命来获得所谓的解放，这些极端的方式都是对挫折的错误认知，只会让挫折带来更深的痛苦。挫折的存在并非是夺走你的一切，而是让你学会去对抗一切。

《老人与海》中渔夫老人一生都在与海浪搏斗，他见过多少大风大浪，又被风浪无情地掀翻过多少次，有时候是家当被洗劫一空，甚至是一次次遭遇生命的威胁，然而直至生命的最后一刻，他都没有放下手中的武器。虽然他的战利品被抢夺光了，但是他凭借着自己的勇气、毅力与智慧进行了奋勇抗争，他依旧是这片海浪上的"王者"。

"一个人并不是生来要被打败的，你尽可以把他消灭掉，可你就是打不败他"，永不言败，永不低头，谁耐他何？

但愿我们能成为生活中真正的强者，能看清何为挫折，更能懂得如何去面对挫折。我们常说，生活是一面镜子，你对它笑，它就对你笑；你对它哭，它就对你哭，对待挫折的态度也是如此。

不经历挫折是你的幸运，若上天非让你经历这一劫，就当是另一种馈赠吧！

前路即便坦途，也要保持谨慎

即使有安排好的一帆风顺，我也要如履薄冰。

我见过坦途中的得意，然后被一颗石子绊倒；也见过一路泥泞，谨慎又安稳。

我的朋友总是羡慕别人的路，却不知脚下的路即是最好的路，其实好不好已经无所谓，它只是属于你的。

"世上本没有路，走的人多了，也便成了路"，而如果路多了，人又该往哪个方向走呢？在莫怀戚先生所写的《散步》中，就曾写过关于路的选择问题：母亲老了，她想走大路，大路平坦；儿子还小，他想走小路，小路好玩。最终他和妻子决定背起母亲和儿子一起走向那开满了金色菜花的小路。

路在脚下，也在远方，莫怀戚先生既走好了脚下，也到达了远方。

走在十字路口的时候，我们难免会徘徊而失去方向。走哪一条路是我们面临的第一个选择，总有人会选择那条捷径，也总有人会需要走些弯路。

但走捷径的人并不一定比走弯路的人更快到达终点，就如同龟兔赛跑中，乌龟一直在爬行，而兔子却选择了打盹儿，跑得快又有何用？

怎么走就是我们面临的第二个抉择，路不仅要选对，更要走对，否则你便又走到了人生的岔路口。

小侄女一直在培训机构学习街舞，刚开始的时候，她会回来和我们分享在培训班的学习内容和各种小趣事。但是一段时间后，她似乎就对这个地方失去了兴趣，就是正常去练习舞蹈而已。然而某一段时间，她竟然又对班级的事情津津乐道起来。原来是来了一个新的街舞老师，而且是一个十分帅气的男老师。

我去培训班接过几次小侄女，确实是一个外形很有吸引力的男孩子。但是若说要像小侄女那样成为他的粉丝，那我还是对内在有一定要求的。没想到，最终我还是难以逃脱地沦陷在他人格魅力的漩涡中。

培训班汇报演出的时候，街舞老师登台演出。他一出场就迎来了全场的尖叫声。就在我不屑于这群"花痴"的时候，音乐声响起，他的全身细胞都在甩动。天哪，简直太帅了！不是一味地耍酷，而是街舞的那种律动感彻底融进了他的血液里，仿佛他就是为街舞而生。几分钟的表演，我的视线始终没有从他身上移走，我已经很久没有感受过这种阳光与活力了。

原来小侄女是始于颜值，陷入才华。不过如果小侄女听说了关于他的故事之后，可能就会钟于人品了。

在很小的时候，他就被送到舞蹈班学习街舞。那时候，但凡有表演的机会，家里人都会帮他争取。等大了一点之后，更多的时候是他自己有表演的欲望。其实学习舞蹈的男孩子是很难坚持的，不过很多人都夸过他有舞蹈天赋，家里便在这方面全力培养他。他倒也不像其他孩子那样是被逼着学习的，而是心底多少是热爱的。

高中的时候,他作为艺考生,并没有像其他孩子那样偏艺术而轻文化。在他的理解中,好的艺术一定是和文学紧密相连的。所以,他一直保持着对文学的坚持,在文学作品中去寻找一些艺术的灵感。大学期间,他的不少舞蹈作品就是根据文学故事改编而成的。他在大学的时候还成立了自己的街舞社团,并不是为了扩大影响力,而是找到一群志同道合的人一同探讨一下专业的发展。

工作以后,他一直保持着到健身房打卡的习惯来维持自己的体能和身形,并坚持每周有一个舞蹈作品的录影。最令我震惊的是,为了保持身材,他竟然还是一个素食主义者。在年轻人的队伍中,这是我第一次听说,可见这样的人对自己有多严苛。难怪我们见到的35岁的他,完全具有一个20多岁小伙子的活力。

天生的颜值,舞蹈的天赋,上天给了他多么好的条件。然而,这么好的条件一旦没有发挥好,那就可能会成为一个普通的中年油腻大叔。偏生这个人能珍惜自己的优势,将自己的人生过成了偶像剧的男主人设。

不怕别人比你聪明,就怕聪明的人比你更努力;不怕别人比你有天赋,就怕有天赋的人比你走得更稳。父母给他选择了一条对的路,他也走好了这条路。

能为自己人生的每一步买单的人,他的人生一定不是一笔糊涂账。然而,有时候幸运明明降临到了某个人身上,他却选择了放弃。

初中的时候学过一篇《伤仲永》的文章,写的是一个叫仲永的孩子,5岁的时候便向父母哭着索要书写工具。当父亲向邻居借来这些工具的时候,仲永居然提笔就写下了四句诗,并题上了自己的名字，而且这首诗所蕴含的是父母和邻里相和谐的主旨，这一举动引发了全乡人的围观。自此以后，凡是有人以某事物让仲永题诗的，他都能写出独有的味道。就这样，仲永的名气在乡里乃至全县渐渐传开了。

仲永的父亲不仅为此感到自豪，还带着他走街串巷地拜访，以写诗牟利。

过了几年，当有人回乡拜访仲永的时候，却发现他的诗已经没有以前的感觉。大约是在仲永20岁的时候，当有人问起仲永的情况，才知道他的才能已经消失得和普通人没有差别了。

明明天赋异禀，却最终无异于常人；明明有机会改变命运，却还是回到了起点。即使上天为你安排了一条好走的路又如何，你依然要岔路而行。虽然是故事里的人物，但只要我们稍微观察，生活就不缺少这样的原型，仗着自己的天赋和资源肆意而活。

那些看起来毫不费力的人，那些站在金字塔顶尖的人，并非天生如此，又或者他们天生有那么一些优势。然而，决定他们能成功的是他们后天的努力，是他们把握住了每一个给他们的机会，是他们走稳了正在走的路。

路在你脚下，希望能引你走向你想要的远方。

你和更好的未来之间,只差一个主动的距离

曾经我也想要创业,但是一旦没有了朝九晚五的约束,就松懈了自己。

赖在清早,熬到深夜,我羡慕那些有自控能力的人,也鄙视自己的散漫,但很多时候就是这样,认识到不一定改得掉。

"你需要刺激。"一位朋友说道。

如果没有受到强烈的刺激,又有谁愿意主动起来呢?毕竟被动很舒服,即使结果不太好,但第一感觉是舒服的;主动即使结果再好,第一感觉永远是痛苦的。

因此而想到一句话:变好的过程,总是不太舒服。

主动和被动是我们生活中的两种状态,主动像是矛,被动像是盾,主动的人懂得何时出击,而被动的人往往习惯于防守。相对于被动,我更欣赏主动的人生,因为它懂得什么是自己想要的,并以自己的行动去争取。

每年年中,公司都有派遣员工到总部学习的名额。名额有限并且难得,公司对此非常慎重,所以这个名额历来都是由公司的行政层在会上综合各个员工半年度的表现做出决定。而且,如无意外,一般都是为公司服务有一定年限的员工。

但是,今年的名单公布之后,却让众员工们一片哗然。公司

选派的是一个仅到公司不到2年的年轻人,而比他工龄长的年轻人公司多得是。一时间,各种不服的声音在不同的场合出现。

在公司的大会上,领导对此决定做出了说明。原来这个员工在年初的时候就给公司领导发了一封邮件,邮件中详述了这一年多来在工作中的点滴,以及自己这一年多对公司文化的理解、未来自己的工作规划等。并且他还表达了对此次学习机会的渴望,若能成行,必定会将所学的回来后和大家分享。公司相信比他资历更老的,比他更能干的,甚至比他更有规划的员工有很多,但他却是唯一一个主动为自己争取的,公司愿意给这样有主动精神的人机会,并希望以他来给所有的人上一课——主动,你会拥有得更多。

的确,我们已经习惯了等公司安排学习名额,这是心照不宣的规矩。即使偶尔有过这样的想法,要么就是担心自己不符合要求,要么就是怕别人在背后议论。所以,我们终究没有踏出那一步,因此也错过了宝贵的机会。

这一课,我们领会到了。在工作中的主动,能为我们的事业打开一扇新的窗口。凡事多想一步,就多一种可能,等待着接受安排只会让自己处于被动地位。毕竟天上掉馅饼的事是少之又少的。

记得在我的上篇文章中,我曾写过这样一个故事。我的侄女在培训班有一个非常帅气又有着十足专业能力的魅力老师,30多岁的人了,却还有着20多岁小男孩的青春与活力,我和侄女都是他的粉丝。

这样的男人的家庭自然也让人好奇。后来,他和他老婆的故事在大家的关注下终于被揭秘了。和生活中很多的桥段一样,一个帅气的男人背后往往有一个贤惠但长相平凡的女子,她的老婆也是这样。

他俩是在朋友的聚会上认识的,男孩一出场就自带主角光环,自然吸引了女孩的目光。聚会结束之后,女孩以顺路为由搭乘了男孩的车子,并且以报平安的名义问到了男孩的电话号码。自此之后,女孩就时常评论男孩的朋友圈,偶尔来个私聊互动。更重要的是,女孩主动报了男孩所在的培训班学习街舞,这样两个人的交集就越来越多了。

对于这样一个有魅力的男生,我们常常是没有勇气跨出那一步。但是女孩却说:"帅气的男生是从来不会主动追女孩子的,如果你不主动,别人就主动了,那他就会跟其他人走了。这样想想,那还不如我来抓住自己的幸福呢。"

是啊,喜欢一个人又何必非要在意谁追求的谁呢?这并不影响最终的幸福啊!一些女孩认为,如果自己喜欢一个人,只要向他靠近,那么他有一天自然会明白自己的心意;或者只要自己足够优秀,就一定能吸引喜欢的人的注意。可是很多时候,等他们发现你的心意的时候,他早已经爱上其他的人。主动需要勇气,你没有给他这一份勇气,那缘分也不会主动走近你。

爱情里的主动,是我们向幸福要那么一些可能。有时候等待,可能就是一生的错过,而最后成为一种过错;有时候主动,能把不可能变成了可能。

事业也好,爱情也罢,主动都是适时的助推剂。在生活中,如果你向亲人或朋友主动关心,那彼此之间的关系就会多一份温暖;如果你向陌生人给予主动的举手之劳,那我们生活的世界就多了一份温馨;如果你能主动改变自己的某个坏习惯,那你就会朝着更好的自己又迈进了一步。

主动去爱，主动去改变，主动认错，你会发现你的人生会变得更通透，那些曾经纠结的事情也许不值一提，那些一直搁置的问题也许就会迎刃而解，那些错过的人也许能重回到你的身边。

多年以后，我不希望你对自己发出这样的责问：如果当时我能主动，那就会……即使没成功，但主动过，也就没有什么可悔。比起认输，至少你给过自己机会，结果就是天意。

也许，你和更好的未来之间，就差了一个主动的距离。

至少你要做自己的英雄

世界杯结束了，然而吸引我的并不是冠军，而是我心中永远的超级英雄梅西。其实，与其说梅西是我们的英雄，不如说他先是自己的英雄。

阿根廷在这届世界杯的征程较早就告一段落了。无论你是失望、悲哀，还是难受或心疼，随着那一声哨响，一切都定格了。

难以忘记的是多年以前，随着梅西的出场，解说员曾这样介绍：

"现在替补上场的是阿根廷的小将梅西，这是他第一次代表国家队参战世界杯，前两天他刚过完他19岁的生日。"

……

19岁到31岁，四届世界杯，经历过多少风雨，但他依然站在那里奋力而战。就凭这一点，他已经战胜了自己。

更何况球迷都知道，在2016年美洲杯决赛后，梅西的状态就开始下滑了。这个在球场上绝对谈不上霸气的老男孩，内敛甚至是腼腆的他，一度想要放弃。很多人都戏言，梅西梅西，没戏没戏。可他不甘心，他热爱他身上的这一件球衣，热爱他的祖国，他选择了坚持，选择了面对所有的质疑和嘘声……

"同阿根廷队夺得荣誉是我欠自己的一笔债，我希望能尽早还上。跟集体奖项比起来，个人的荣誉不值一提。如果可以的话，我愿意用我的金球去换世界杯。我只会为一支球队流泪，祖国的球队。"

这是他的心声，也是他的宣战誓言，也是最让球迷振奋的一段承诺。以自己的力量来守护集体的荣誉，来守护一个国家的梦想，这样的梅西有多励志！

在今年的世界杯上，和2014年明明已经离大力神杯那么近了，但仍是没能举起来的结果一样。阿根廷依然遗憾离场，甚至这可能是梅西最后一届世界杯。在球场上，梅西留下的那一个孤独的背影和近距离的凝望，让世界为之心疼。

但回看这届比赛的历程，梅西还是那个梅西，是那个拼尽全力守护宣言的他。

在小组赛一路上跌跌撞撞，所有球迷都为阿根廷捏了一把汗。同尼日利亚的那场生死之战，沉默了多时的他终于爆发了。一个出乎意料的直传球，精准到让人无可挑剔地停球，打门一气呵成，球进了！他做出了标志性的动作。

绝地反击！漂亮！

到了阿根廷和法国的决战时刻，3∶4，奇迹没有发生，阿根廷输掉了比赛。可我们能看出，他真的尽力了。两次助攻，中场的人球分过……都是他能展现的最佳状态了，就像解说员说的那样，今天阿根廷和法国的差距不是在前场，而是输在了后防线上。

我们曾经的"小跳蚤"真的老了，31岁了，英雄迟暮，虽败犹荣。他们虽然输了，但他们绝对可以骄傲地离开。作为这届世界球队里面平均年龄第二大的球队，他们身体上当然没有优势。体力、反应力、灵敏度……都大打折的情况下，他们能走到这一步已经是非常难得了。他们给世界带来的是一场也许会输但绝不认输，一度落后又一度追平的扣人心弦的励志大赛。

人们都说这场比赛中的姆巴佩 19 岁，很强很快，可讲真的，谁都不知道 19 岁的梅西有多强有多快！即使如今的他，31 岁，却依然给人希望。

这就是梅西，一个人永远在自己的世界里做着最大努力的梅西，一个永不停止脚步的梅西。真的希望能在 2022 年的世界杯上再看到他的身影，一个陪伴了无数人整个青春的英雄。

所以，我会在看阿根廷比赛的时候激动到大喊，会在室友抱怨的时候依然不顾她们的感受。因为有些东西，她们没办法理解。因为球场上奔跑奋斗的，不仅仅是阿根廷的球员，还有一代代阿根廷球迷的梦与希望。

"梅"有结束，就还有"西"望，正是他一路奋斗的真实写照。

"多少人曾爱你青春欢畅的时辰，爱慕你的美丽，假意或真心，只有一个人还爱你虔诚的灵魂。"注意到梅西，是因为他华丽的足球技术，而爱上的，完完全全是他这个人。

一个球星真正的魅力远不止于在足球上的造诣，更是他几十年来一如既往对一项事业的初心，是他在球场上那种不顾一切的拼搏精神，是他在明知无力依然要奋力反抗的不妥协。所以，在球迷的世界里，这样的偶像永不落幕。

而在每一个平凡人的世界里，我们并不渴望能成为他人心目中的英雄，只要拥有梅西这样的精神，成为不让自己失望的英雄，一直保持着前行的脚步，那你的故事也能成为照亮正在迷途中的人走出黑暗的路灯。

　　做一会儿英雄，即使时间很短，也能唤醒你的未来。

别总计划了，走两步比什么都强

过去几年，我很少和我的妈妈谈论人生，总认为她不懂我，更不懂我的人生。她曾经找我谈过几次，我都在大谈我的计划，她听了听却笑了。

"孩子，人生没有完美的计划，每个人都想象得很美好，但最后还不都是走出来的。"

我有点不信，但并不去反驳。

万无一失是我们非常喜欢的一个词语，因为我们喜欢把事情做到没有遗憾，不出纰漏。但要做到这一点并非易事，因为这世间本就没有万全之事。即使你的计划再完美，它也不可能完美地实现你所想的结果。

翔子的爸爸是一个户外运动爱好者，正在计划一个山地露营活动。他在群里邀请到了三组家庭结伴而行。因为是组织者，所以他对一切的准备格外用心，出发之前还特意拟定了一个方案，综合大家的意见进行了相应的准备。

像驱蚊药、食物、必要的医药品、备用衣服等都一应俱全，车辆的人员搭配也进行了合理的安排，他也和那边的酒店进行了对接。登山当天，天气很给力，而且大家都是相熟的人，所以一路上共同话题比较多，相处得也比较愉快。

出发之前，翔子的爸爸一再确认过天气。本想着还能望一望星空，但谁知人算不如天算，偏偏晚上就这么巧合地下雨了。情急之下，大家只能收拾了帐篷往山脚下奔，尽管有雨伞，可还是被淋成了落汤鸡。看着自己的孩子淋湿，有一家人有点怨言了。

之前确认过天气的翔子的爸爸想着在山顶住一宿，所以并没有预定山脚下的房子，只是预定了第二天中午的午餐，结果导致了两个家庭挤在了一个房间。

虽然大家没有明说什么，但还是能看出心里是不舒服的。可是翔子的爸爸更加不舒服，为了这个活动费了很多脑力，而且自己贴钱贴笑脸的，最后却是一个不欢而散。

有什么办法呢？计划赶不上变化嘛！想到了其他每一个环节，却唯独漏了这一点，可是这个计划明明还是通过大家的检验了的，只能说再好的计划也会充满了意外，只看这意外是惊喜还是惊吓。

这让我想起了一些旅游的经历。旅游之前，我会查非常多的资料，做相当详尽的攻略，几乎把整个线路搬到了我的列表上。但等到了旅游目的地才发现，你准备的很多东西都用不上，而真正需要的东西又没有；你可能会被导游坑一把，还可能被当地的利益商人误导等，可那些你以为详尽的计划根本派不上用场。

当年，我去西藏时几乎用了1个月的时间来做我的规划。但是去冰湖的路上因为滑坡而导致封路，这一条路线的行程都只能取消。旅行中像这样的事情数不胜数，你无法按照自己计划表上的内容执行，你只能依形式而变。

这种明明都计划好了，却总被突如其来的状况打断的情况太常见了。

另外，在某些情况下，计划本身就有两面性，无法达到完美。

比如你去健身房，教练会告诉你他们会为你量身定制训练计划。听起来似乎很理想，他们确实也是这么做的，但是不管怎么精心设计，它总会有弊端。

曾听一位健身达人说过，大量的有氧运动会对肾上素系统造成压力，而这种影响也会妨碍到力量训练的进步，但是有氧运动又是健身中必备的一个项目，它能调整你的身体和心理状态。那你在健身的过程中，就只能适当地取舍，想清楚自己需要什么。

在看电视剧的时候，也会经常听到反面角色会说"我的计划万无一失"之类的话，而结果常常是出乎他的意料的。这虽然有虚构，但其实也反映了一定的现实。尤其是在两军交战或是敌对双方交战之时，你费尽脑力的计划总是会被对方找到破绽，只是时间的长短不同而已。

所以，本就无所谓万无一失，更别提完美的计划。一是计划本身可能就存在两面性，二是执行计划的过程中就会有种种意外。如果你因为某件事情的成败而将所有责任归于计划不到位，那你就会忽略执行过程中的一些失误。

当然，这并不代表计划不重要。我们制定计划应尽可能地完善，才会让过程少一些差错，才能有宏观的把控。它只是在提醒我们，不能过多地依赖计划，更多的情况下，我们应该培养的是自己的随机应变的能力，以应对计划之外的情况，那才是考验一个人临场应变的最佳方式。

　　曾经有人说，没有万无一失的计划，只有万无一失的能力。

在不幸中让自己幸运起来

后悔解决不了任何问题，却会带来不小的烦恼。

如果当时我可以勇敢地表白，也许我们就能在一起了吧；如果我能坚持锻炼身体，我现在就不会身体到处都是小毛病了吧；如果那时候抓住了机会，我应该事业会发展得更好吧……如果怎样就会怎样，我们总是有各种设想，似乎在如果那一边，所有的事情都会发展得比现在更好。

可谁知道，如果你做了那个选择，你是不是也会后悔呢？所以，与其后悔已经过去的选择，与其悔恨现在的日子，不如过好当下。因为人生就是这样，谁都无法做出百分之百正确的选择，有些苦是必须承受的。

青蛙的老家在农村，家里条件并不好。从小到大，为了支撑他的学业，父母已经耗尽了所有的积蓄和体力。好在青蛙比较争气，先是读了大学，然后找到了一份稳定的工作。

工作之后，青蛙想在 C 城买房，毕竟这样归属感更强。但是凭他的工资，就算是这两年不吃不喝也根本抵不了什么用。某一个瞬间，他也想向家里开口，看着家里老父母好不容易这几年清闲一点，他实在开不了口。

青蛙最终下定决心，要以自己的能力买房。所以，每年他都会有固定的存款，想着积累几年应该也可以支撑一个首付。没想到的是，前两年房价大涨，本来预计的首付还不够支付一半。按这个趋势，他攒钱的速度永远赶不上房价的速度，他以自己的能力买房更无望了。

此时，青蛙才明白他当时的目光多么短浅，决定多么错误。如果刚有想法的时候买下来，现在不仅有房子住，而且不知能比现在省下多少钱。省下的这笔钱能让他少奋斗多少年，能让他干成多少事啊！更何况，当时的他只要能向父母借一点，朋友借一点，完全有能力定下来一个房子。

可如今……青蛙越想越后悔，甚至有些失眠。他感觉这一步踏错了，很多的奋斗都是没有意义的。可如果重新回到做决定的那一刻，青蛙的想法也无可厚非。毕竟当时的条件只允许他那么做。有些东西谁能说得清呢？或许你会怪他确实目光短浅，然而作为一个从小看着父母吃苦的人来说，能让父母轻松比什么都重要。这就是所谓的命运吧！

除了过好当下的日子，他并没有更好的退路，这就是他人生所需要承受的。

与他相比，我另一个朋友不知是更好还是更坏。潇潇和男朋友是大学恋爱，毕业之后结束了8年的爱情长跑结婚了。结婚的时候，男方没房没车，两人依然是租房过日子，但潇潇觉得有爱情，日子总会好起来的。

但是直到他们的孩子出生以后，他们依然租在一个两居室的房子里。为了照顾孩子，男方把婆婆接过来了。一个北方人的直性子，一个是南方人的婉约派，而且还爱生点闷气，两人在一起磕磕碰碰多了去了。尤其是看着婆婆照顾孩子时在某些方面毫不注意的时候,潇潇实在是恼火得很。有几次就和婆婆直说了,没想到婆婆受不了这气,就撒到了儿子身上。

这样的次数多了,潇潇和老公之间也有了一些争执。本来这几年租房子住就让潇潇很没有归属感,如今再有这些糟心的事,潇潇似乎觉得整个人都要患上焦躁症了。

潇潇向我抱怨,当年选的结婚对象,真就是脑子进了水。她的那些同学毕业之后和男朋友分手,个个都嫁得比她好。有房有车,想出去玩就出去玩,想买什么就买什么,日子要多惬意就有多惬意。哪像她现在,做什么都想着省钱,买什么都束手束脚,在自己身上多花一点都像是亏欠了什么一样。为什么在爱情和面包之间,她偏偏就选择了爱情。如今,这爱情能当饭吃吗?

爱情不能当饭吃,可她偏偏就是选择了爱情,至少她也享受过真爱的甜蜜。那些同学的潇洒背后也有她看不到的心酸,不过不为她所知罢了。如今的这些柴米油盐酱醋茶其实也是生活的本质,既然是过日子,怎么会没有烦恼呢?

得到了一些,就需要承受另一些,只是承受的程度不同而已。若是非要钻入死胡同去埋怨,那就真的在这中年妇女的悲惨生活中永无止境了。

说到底,生活本就是一地鸡毛,谁又能真的过得有多优雅呢?在你幸运的时候,你不会去想那些不幸;当你处在不幸中,你就会放大自己的苦痛。

一代文坛巨匠史铁生在二十来岁便双腿瘫痪,后又因肾病发展到尿毒症,需要每周三次的透析维持生命。这样的人生际遇连他自己都自嘲职业是生病,业余在写作。在他的文章中也曾表达过对生命的绝望。

但绝望过后,生活依然在继续,这是他需要面对的人生。他只能选择一种方式继续下去,既然上天给予他的是这样的命运,那他就用这个命运来反问。他用自己一生与命运抗争的心路历程来引导读者探索生命的意义,最终在漫长的轮椅生涯中创作出了一座文学的高峰,成为中国最优秀的作家之一。

这一生,他来过,他是来承受苦难的。但他没有白活过,他创造出了人生的奇迹。

幸与不幸都是我们人生的组成部分,你经历着,他人也在经历着,所以别一味地埋怨自己的不快,日子都是在不幸中让自己幸运起来。